Heike Homrighausen, Helge Miller

KomplettTrainer

Mathematik 7

G Gymnasium

Klett Lerntraining

Heike Homrighausen ist Gymnasiallehrerin für die Fächer Mathematik und Geschichte in Baden-Württemberg.
Herr Miller unterrichtet Mathematik und Naturwissenschaften in Baden-Württemberg.

Bibliografische Information der Deutschen Bibliothek
Die Deutsche Bibliothek verzeichnet diese Publikation in der Deutschen Nationalbibliografie; detaillierte bibliografische Daten sind im Internet über http://dnb.ddb.de abrufbar.

Auflage 5. 4. 3. 2. | 2013 2012 2011 2010
Die letzten Zahlen bezeichnen jeweils die Auflage und das Jahr des Druckes.
Dieses Werk folgt der neuesten Rechtschreibung und Zeichensetzung. Ausnahmen bilden Texte, bei denen künstlerische, philologische oder lizenzrechtliche oder andere Gründe einer Änderung entgegenstehen.

www.klett.de/lernhilfen
Lektorat: Jürgen Grimm, Braunschweig
Fotos: S. 43 MEV, Augsburg, S. 46 ullstein bild, Berlin, Joko, S. 72 Fotosearch Stock Photography
Zeichnungen S. 28, 130: Naomi Fearn, Berlin;
S. 16, 33, 37, 50, 79, 126, 127, 128: Steffen Jähde, Berlin
Grafische Zeichnungen: SMP Oehler, Remseck
Umschlaggestaltung: Sabine Krohberger Grafikdesign, München
Umschlagfoto: Corbis GmbH, Düsseldorf.
Satz: SMP Sandra Oehler, Remseck
Druck: Mediahaus Biering GmbH, München
Printed in Germany
ISBN 978-3-12-9270105-6

9 783129 271056

Alle Tests auf einen Blick

Liebe Schülerin, lieber Schüler,

der **KomplettTrainer Mathematik Gymnasium 7. Schuljahr** ist genau das richtige Buch für dich

- weil du den **kompletten** Lernstoff mit **einem Buch** wiederholen kannst,
- weil du wichtige **Regeln, Formeln und Merksätze mit Beispielen** auf einen Blick erfasst,
- weil du in vielen **Aufgaben** und **Tests** mit **ausführlichen Lösungen** das Gelernte **übst** und
- weil du damit gut vorbereitet in die **nächste Klassenarbeit** oder einen **Test** gehst.

So lernst du mit diesem Buch:

In der Kopfzeile findest du die 4 Rubriken *Wissen, Übungen, Test, Checkliste*. Rot hervorgehoben ist jeweils die Rubrik, in der du dich gerade befindest.

Wissen	**Übungen**	Test	Checkliste

Wissen	Hier kannst du Regeln, wichtige Formeln, Merksätze, Beispiele und Tipps zu Vorgehensweisen nachschlagen.
Übungen	An vielen Übungsaufgaben in unterschiedlichen Schwierigkeitsstufen kannst du üben, üben, üben … bis du den Stoff sicher beherrscht.
Test	Der Test am Ende des Kapitels zeigt dir, wie gut du bist.
Checkliste	Die Checkliste liefert dir die Auswertung des Tests und gibt dir Tipps, in welchen Bereichen du dich verbessern kannst.
Lösungen	Hier kannst du sofort überprüfen, ob du die Aufgaben richtig gelöst hast.

Viel Erfolg wünschen dir deine Autoren und die Redakteure von Klett Lerntraining.

1 Prozente und Zinsen

1.1 Anteile und Prozente

Im Alltag begegnet dir das Wort „Prozent" oder das Zeichen „%" auf vielfältige Weise, z. B. bei reduzierten Preisen, Abstimmungsergebnissen, dem Fettgehalt von Lebensmitteln oder Zinsen. Den richtigen Umgang mit Prozenten kannst du in diesem Kapitel trainieren.

Bisher hast du gelernt, Anteile durch Bruchzahlen zu beschreiben. Anteile und Verhältnisse kann man jedoch besonders gut miteinander vergleichen, wenn man die Prozentschreibweise benutzt.

Was sind Prozente?

Angaben in % sind nur dann sinnvoll, wenn das Ganze also die 100 % bekannt sind.

Eine besondere Schreibweise von Anteilen sind Prozente. Du erkennst sie an dem Symbol % (sprich: Prozent oder Hundertstel).
Ein **Prozent** bedeutet „eins von Hundert", also ein **Hundertstel**, kurz $1\,\% = \frac{1}{100} = 0{,}01$. Es gilt also: $p\,\% = \frac{p}{100}$.

So kannst du Prozentangaben umwandeln

Beim **Umwandeln** von Prozentangaben **in einen Bruch** ersetzt du einfach das %-Symbol durch den Bruch $\frac{1}{100}$.

Beispiele:

$5\,\% = \frac{5}{100}\left[= \frac{1}{20}\right]$ $\quad 25\,\% = \frac{25}{100}\left[= \frac{1}{4}\right]$ $\quad 2{,}3\,\% = \frac{2{,}3}{100} = \frac{23}{1000}$

Beim **Umwandeln** von Prozentangaben **in eine Dezimalzahl** verschiebst du das Komma um 2 Stellen nach links.

Beispiele:

5% = 0,05 25 % = 0,25 2,3 % = 0,023

1

Schreibe als Dezimalzahl und als Bruch. Kürze, wenn möglich.

a) 40 % b) 75 % c) 55 % d) 5 %
e) 30 % f) 50 % g) 35 % h) 60 %
i) 42 % j) 12,5 % k) 87,5 % l) 76 %

2

Ergänze die Figuren zu 100 %.

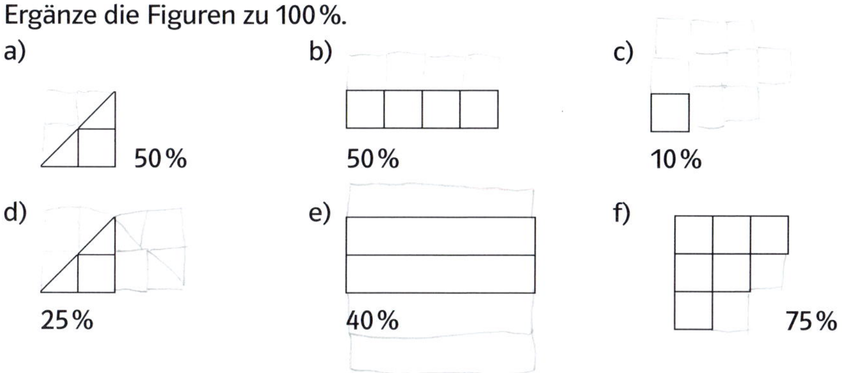

3

In der Bundesrepublik Deutschland gab es im Jahr 2005 ungefähr 39 200 000 Haushalte. Davon waren 38 % Einpersonenhaushalte, 34 % Zweipersonenhaushalte, 14 % Dreipersonenhaushalte, 11 % Vierpersonenhaushalte und der Rest waren Haushalte mit 5 und mehr Personen.

Ergänze die fehlenden Angaben und erläutere das Diagramm.

1.2 Rationale Zahlen und Prozente

So kannst du Brüche in Prozentangaben umwandeln

Möglichkeit 1: Der Bruch kann durch Erweitern oder Kürzen auf den Nenner 100 gebracht werden.

Beispiele:

a) $\frac{1}{5} = \frac{1 \cdot 20}{5 \cdot 20} = \frac{20}{100} = 20\,\%$

b) $\frac{3}{4} = \frac{3 \cdot 25}{4 \cdot 25} = \frac{75}{100} = 75\,\%$

c) $\frac{32}{400} = \frac{32:4}{400:4} = \frac{8}{100} = 8\,\%$

d) $\frac{15}{1000} = \frac{15:10}{1000:10} = \frac{1{,}5}{100} = 1{,}5\,\%$

$100\,\% = \frac{100}{100} = 1$

Möglichkeit 2: Multipliziere den Bruch mit 100% und teile den Zähler durch den Nenner. Im Normalfall rundest du auf 2 Stellen nach dem Komma.

Beispiele:

a) $\frac{7}{8} = \frac{7}{8} \cdot 100\,\% = \frac{7 \cdot 100}{8}\,\% = \frac{700}{8}\,\% = 87{,}5\,\%$

Nebenrechnung: 700 : 8 = 87,5

b) $\frac{2}{3} = \frac{2}{3} \cdot 100\,\% = \frac{2 \cdot 100}{3}\,\% = \frac{200}{3}\,\% \approx 66{,}67\,\%$

Nebenrechnung: 200 : 3 = 66,666…

So kannst du Dezimalzahlen in Prozentangaben umwandeln

Verschiebe das Komma um zwei Stellen nach rechts und hänge das Prozentsymbol an die Zahl.

Beispiele:

a) 0,65 = 65%

b) 0,375 = 37,5%

c) 1,05 = 105%

d) 0,003 = 0,3%

1

Gib in Prozent an. Rechne so weit wie möglich im Kopf.

a) $\frac{7}{20}$ b) $\frac{4}{5}$ c) $\frac{7}{10}$ d) $\frac{12}{40}$
e) $\frac{8}{25}$ f) $\frac{37}{50}$ g) $\frac{48}{120}$ h) $\frac{15}{12}$

2

Gib in Prozent an. Runde gegebenenfalls auf zwei Nachkommastellen.

a) $\frac{1}{6}$ b) $\frac{2}{3}$ c) $\frac{5}{9}$ d) $\frac{5}{12}$
e) $\frac{4}{7}$ f) $\frac{4}{30}$ g) $\frac{3}{14}$ h) $\frac{11}{15}$

3

Schreibe in Prozent.

a) 0,54 b) 0,05 c) 0,3 d) 0,002
e) 0,567 f) 1,02 g) 0,246 h) 0,025

4

Wie viel Prozent sind

a) die Hälfte, b) drei Fünftel, c) ein Zehntel,
d) fünf Achtel, e) die Hälfte der Hälfte, f) einer von drei?

5

Welche Zahl ist größer? Vergleiche.

a) 7,5 % oder 7,5 b) 80 % oder $\frac{5}{6}$
c) $\frac{8}{9}$ oder 80 % d) $\frac{1}{3}$ oder 30 %

6

In einer Zeitung erschien folgender Artikel:
„Die Zahl der Autofahrer, die zu schnell fahren, nimmt immer mehr ab. Fuhr 1996 noch jeder zehnte Autofahrer zu schnell, so war dies 2006 nur noch jeder fünfte. Aber auch fünf Prozent sind immer noch zu viele Temposünder."
Was meinst du zu diesem Artikel?

1.3 Berechnen des Prozentsatzes

Oft muss man im Alltag entscheiden, welche Anteile kleiner oder größer sind, z. B. die Stimmenanteile bei Wahlen oder der Fettanteil in Lebensmitteln.
Um Anteile besser miteinander vergleichen zu können, muss man sie in Prozentangaben umwandeln.

Diese Bezeichnungen musst du kennen

Rechnen mit Prozenten ist eigentlich nichts anderes als Rechnen mit Brüchen. Dennoch werden in der Prozentrechnung andere Begriffe verwendet, die du dir gut einprägen musst. Es gilt die Grundformel:

$$\text{Prozentsatz} \rightarrow p\,\% = \frac{\text{Prozentwert}}{\text{Grundwert}} \begin{matrix} \leftarrow \\ \leftarrow \end{matrix} \frac{\text{Teil}}{\text{Ganzes}}$$

So kannst du den Prozentsatz berechnen

Den Prozentsatz kannst du dann berechnen, wenn in einer Aufgabe der Prozentwert (der Teil) und der Grundwert (das Ganze) gegeben sind. Es gibt zwei Möglichkeiten, wie du vorgehen kannst.

Beispiel:
Von 32 Schülern singen 12 im Chor. Wie viel Prozent sind das?

Manchmal musst du für den Grundwert alle Zahlenangaben (Teile) addieren.

Möglichkeit 1: Mit Brüchen

1. Bestimme den Grundwert. Den Grundwert schreibst du in den Nenner.
   Der Grundwert sind 32 Schüler.
   $\frac{}{32 \text{ Schüler}}$
2. Schreibe den Prozentwert in den Zähler.
   Ein Teil ist im Chor, das sind 12 Schüler
   $\frac{12 \text{ Schüler}}{32 \text{ Schüler}}$
3. Wandle den Bruch in eine Prozentangabe um.
   $\frac{12 \text{ Schüler}}{32 \text{ Schüler}} = \frac{12}{32} = \frac{3}{8} = 0{,}375 = 37{,}5\,\%$

Möglichkeit 2: Mit dem Dreisatz

1. Das, was du weißt, also den Grundwert, schreibst du in die erste Zeile.
2. In die dritte Zeile schreibst du, was gesucht ist, also links den Prozentwert, den rechten Teil musst du berechnen.
3. Fülle den Zwischenschritt so aus, dass du bequem rechnen kannst.

32 Schüler — 100 %
:8 ↓ ↓ :8
4 Schüler — 12,5 %
·3 ↓ ↓ ·3
12 Schüler — 37,5 %

Die Rechnung, die du hier durchführst, entspricht der Multiplikation mit dem Bruch $\frac{3}{8}$.

1

Berechne die Prozentsätze im Kopf.

a) 6 von 30 5% b) 99 von 300 c) 20 von 160 d) 50 von 75
e) 20 von 400 f) 32 von 40 g) 30 von 200 h) 5 von 125

2

Überschlage und gib einen Näherungswert für den Prozentsatz an.

Beachte die Maßeinheiten!

a) 36 m von 71 m b) 78 kg von 321 kg c) 1500 m von 9 km
d) 401 m von 505 m e) 210 € von 320 € f) 6 mm von 12 cm

3

In einer Quizshow wurde das Publikum befragt. Die 250 Zuschauer stimmen folgendermaßen ab.
Bestimme die Anteile in Prozent.

A	B	C	D
55	120	15	60

4

Laut einer von Infratest durchgeführten Umfrage mit Autofahrern war Mercedes 2005 nach wie vor die beliebteste Automarke der Deutschen. Die Tabelle zeigt die Ergebnisse der Umfrage.

Automarke	Mercedes	BMW	VW	Sonstige
Anzahl der Stimmen	255	221	227	697

Berechne die Anteile in Prozent. Runde auf eine Stelle nach dem Komma.

1.4 Berechnen des Prozentwerts

Wahrscheinlich kommt es im Alltag am häufigsten vor, dass du den Prozentwert berechnen musst, z. B. wenn beim Einkaufen Artikel reduziert sind und du die neuen Preise vergleichen willst.

So kannst du den Prozentwert berechnen

Der Grundwert und der Prozentwert sind gegeben. Wenn du die Formel $p\,\% = \frac{\text{Prozentwert}}{\text{Grundwert}}$ umstellst, in diesem Fall mit dem Grundwert multiplizierst, erhältst du die Gleichung
Prozentwert = Grundwert · p %.

Beispiel:
Anna liest in ihrem Erdkundebuch: Die Erde hat eine Oberfläche von etwa 510 000 000 km². Ungefähr 28 % der Erdoberfläche besteht aus Land. Wie vielen km² entspricht dies?

Möglichkeit 1: Mit der Formel
Rechne mit der Formel **Prozentwert = Grundwert · p %** und wandle den Prozentsatz in einen Bruch um, also

$$510\,000\,000\,\text{km}^2 \cdot 28\,\% = 510\,000\,000\,\text{km}^2 \cdot \frac{28}{100}$$
$$= \frac{510\,000\,000 \cdot 28}{100}\,\text{km}^2 = 142\,800\,000\,\text{km}^2$$

Diese Rechnung entspricht genau der Multiplikation mit dem Bruch $\frac{28}{100}$.

Möglichkeit 2: Mit dem Dreisatz
1. In die erste Zeile schreibst du die 100 %.
2. In die dritte Zeile schreibst du links den Prozentsatz.
3. Fülle den Zwischenschritt so aus, dass du bequem rechnen kannst.

	100 % — 510 000 000 km²	
: 100 ↓		↓ : 100
	1 % — 5 100 000 km²	
· 28 ↓		↓ · 28
	28 % — 142 800 000 km²	

1
Berechne den Prozentwert im Kopf.

a) 25 % von 72
b) 12,5 % von 80
c) 2 % von 50
d) 5 % von 300
e) 3 % von 200
f) 20 % von 600
g) 10 % von 65
h) $33\frac{1}{3}$ % von 360

2
Überschlage möglichst genau.

Beispiel: Überschlage 24 % von 480 €.

Überlegung: 24 % $\approx \frac{1}{4}$, also 24 % von 480 € $\approx$ 480 € $\cdot \frac{1}{4}$ = 120 €.

a) 50,5 % von 230
b) 9,8 % von 81
c) 24,9 % von 96
d) 34 % von 300
e) 65,6 % von 330
f) 25 % von 405
g) 12,5 % von 239
h) 19 % von 995

3
Berechne den Prozentwert.

a) 4,5 % von 20
b) 12 % von 8
c) 30 % von 700
d) 3 % von 410
e) 7 % von 690
f) 2,75 % von 400
g) 1,5 % von 80
h) 60 % von 250

4
Ein Gast hat ein Mittagessen für 9,40 € und eine Cola für 2,40 € gehabt. Wie viel muss der Gast bezahlen, wenn er 10 % Trinkgeld gibt?

5
Die Oberfläche der Erde misst 510 Millionen km². Das Wasser bedeckt 72 % davon.
Der Pazifik, der größte Ozean, nimmt etwa 47 % der Wasserfläche der Erde ein. Wie groß ist er ungefähr?

1.5 Berechnen des Grundwerts

Oft steht auf Werbeanzeigen bei reduzierten Artikeln die Preisersparnis in Prozent und in Euro. Wenn du wissen willst, wie hoch der alte Preis war, musst du den Grundwert berechnen.

So kannst du den Grundwert berechnen

Der Prozentsatz und der Prozentwert sind gegeben. Wenn du die Formel $p\,\% = \frac{\text{Prozentwert}}{\text{Grundwert}}$ umstellst, in diesem Fall mit dem Grundwert multiplizierst und durch den Prozentsatz teilst, erhältst du die Gleichung

$$\text{Grundwert} = \frac{\text{Prozentwert}}{p\,\%}.$$

Wandelst du zum Rechnen den Prozentsatz wieder in einen Bruch um, gilt $p\,\% = \frac{p}{100}$, und dann lautet die Gleichung

$$\textbf{Grundwert} = \frac{\text{Prozentwert}}{\frac{p}{100}} = \frac{\textbf{Prozentwert} \cdot \textbf{100}}{\textbf{p}}.$$

Beispiel:
Der Preis eines T-Shirts wurde um 45 % gesenkt. Das bedeutete eine Ersparnis von 9 €. Berechne den ursprünglichen Preis.

Möglichkeit 1: Mit der Formel
Rechne mit der Formel Grundwert $= \frac{\text{Prozentwert} \cdot 100}{p}$, also
$\frac{9\,€ \cdot 100}{45} = \frac{900\,€}{45} = 20\,€$.
Das T-Shirt kostete also ursprünglich 20 €.

Die Rechnung entspricht der Multiplikation des Prozentwerts mit dem Bruch $\frac{20}{9} = \frac{100}{45}$.

Möglichkeit 2: Mit dem Dreisatz
1. In die erste Zeile schreibst du den Prozentsatz und den zugehörigen Prozentwert.
2. In die dritte Zeile schreibst du links die 100 %.
3. Fülle den Zwischenschritt so aus, dass du bequem rechnen kannst.

:9	45 % — 9 €	:9
	5 % — 1 €	
·20	100 % — 20 €	·20

1

Berechne den Grundwert im Kopf.

a) 50 % sind 23 b) 25 % sind 31 c) 75 % sind 24 d) $66\frac{2}{3}$ % sind 200

e) 10 % sind 8,4 f) 20 % sind 3,4 g) 5 % sind 12 h) 125 % sind 60

Auch wenn du im Kopf rechnest, darfst du dir Notizen machen.

2

Berechne den Grundwert.

a) 40 % sind 880
b) 30 % sind 96
c) 3 % sind 27,6
d) 4 % sind 25,6
e) 60 % sind 312
f) 17 % sind 68
g) 0,5 % sind 4
h) 11 % sind 121

3

Für eine Urlaubsreise muss eine Vorzahlung von 35 % geleistet werden, das sind 315,– €.
Wie teuer ist die Urlaubsreise?

4

Bei einer Rabattaktion werden alle Artikel um 15 % reduziert. Eine Jeans kostet nun 67,15 €. Wie teuer war sie vorher?

5

In Deutschland gibt es ungefähr 12 105 km^2 Wald, das entspricht etwa 29,5 % der Gesamtfläche. Wie groß ist die Gesamtfläche Deutschlands?

1.6 Vermischte Übungen zu den Grundaufgaben

1

Bei einem Sonderverkauf werden Preisnachlässe auf verschiedene Artikel gewährt.
Für ein Computerspiel im Wert von 45 € erhält Jenny einen Nachlass von 6 €. Eine DVD, die ursprünglich 20 € gekostet hat, ist jetzt 2,50 € billiger. Bei welchem Artikel ist der Preisnachlass höher? Begründe.

2

Ein Waldbestand wird auf 3500 m³ Holz geschätzt. Man rechnet mit einer jährlichen Vermehrung durch Wachstum um 2,5 %. Wie viel Kubikmeter Holz dürfen pro Jahr geschlagen werden, wenn der Bestand erhalten bleiben soll? 87,5 m³

3

Eine Studie besagt, dass mit 12 Jahren Jungen 84 % und Mädchen 92 % ihrer Endgröße erreicht haben. Felix und Luisa sind beide 12 Jahre alt. Wie groß werden beide voraussichtlich werden?

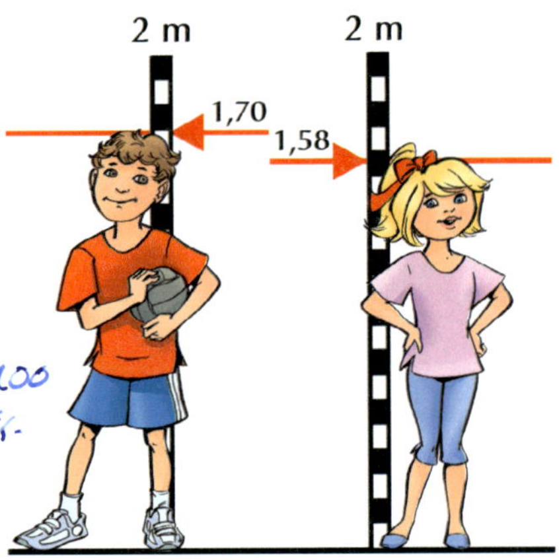

$G = \frac{W \cdot 100\%}{p\%} = G = \frac{1,70 \cdot 100}{84\%}$

$G = 2,02$

$G = \frac{1,58 \cdot 100\%}{92\%} = 1,72$

4

Messing ist eine Legierung aus 70 % Kupfer und 30 % Zink. Welche Masse hat ein Messingstück, das 46,5 g Zink enthält?

155 g

$p\% = \frac{1333 \cdot 100\%}{2200}$ 312 + 312 + 468 + 24 + 217

$p\% = 60{,}5\%$ 1333

5

In der Tabelle findest du die Brennwerte (in kcal) von Fast Food aufgelistet.
Frau Jäger isst zwei Cheeseburger, eine Portion Pommes mit Ketchup und trinkt eine Cola dazu.
Welchen prozentualen Anteil an ihrem durchschnittlichen Tagesbedarf an Kalorien (2200 kcal) verbraucht Frau Jäger bei ihrem Mittagessen?

Produkt	Brennwert (in kcal) pro Portion
Hamburger	259
Cheeseburger	312
Doppelburger	503
Pommes	468
Ketchup	24
Cola 0,5 l	217

6

In der Tabelle findest du den Fettgehalt von Fast Food aufgelistet. Laut der Deutschen Gesellschaft für Ernährung (DGE) ist eine Fettzufuhr von 60 bis 80 g pro Tag für einen erwachsenen Menschen ausreichend. Herr Lorch isst zu Mittag einen Doppelburger, einen Salat und eine Portion Pommes mit Mayo, dazu trinkt er ein Milchshake. Welchen prozentualen Anteil seines täglichen Fettbedarfs hat er damit zu sich genommen?

Produkt	Gewicht in g	Fett in %
Hamburger	105	9
Cheeseburger	120	11
Doppelburger	211	12
Pommes	152	16
Mayo	20	81
Salatdressing	30	50
Milchshake	400	3

7

Kartoffeln bestehen zu 75 % aus Wasser, zu 21 % aus Stärke, zu 2 % aus Eiweiß und zu 2 % aus Salzen. Wie viel Gramm der einzelnen Bestandteile sind in 500 g Kartoffeln enthalten?

W ?

$\frac{500\,g \cdot 75\%}{100\%} = 375\,g$ $\frac{500\,g \cdot 2\%}{100\%} = 10\,g$

$\frac{500\,g \cdot 21\%}{100\%} = 105\,g$ $\frac{500 \cdot 2\%}{100\%}$ 10g

375g + 10g + 10g + 105g = 500g

1.7 Prozentuale Erhöhungen

Was bedeutet eine Erhöhung/Steigerung um p %?

Eine Erhöhung/Steigerung **um p %** bedeutet, dass zum Ganzen, also dem Grundwert von 100 %, noch p % dazukommen. Der Grundwert wird also auf **100 % + p %** erhöht/gesteigert. Man spricht deshalb auch von einem **erhöhten Grundwert**.
Beim Rechnen mit prozentualen Erhöhungen gibt es wieder drei Grundaufgaben, mit denen du umgehen können musst.

So kannst du die prozentuale Erhöhung berechnen

Du rechnest ähnlich wie bei der Berechnung des Prozentsatzes.

Beispiel:
Der Preis einer Ware wird von 25 € auf 26,25 € erhöht. Wie viel Prozent sind das?

*Achte darauf, dass dein errechneter Prozentsatz **größer** als 100 % ist.*

Möglichkeit 1:
Der Anteil des neuen Preises am alten beträgt $\frac{26{,}25\,€}{25\,€} = \frac{105}{100} = 105\,\%$.
Die Erhöhung beträgt also 105 % − 100 % = 5 %.

Möglichkeit 2:
Der neue Preis ist um 26,25 € − 25 € = 1,25 € höher als der alte Preis.
Die Erhöhung beträgt –

mit dem Dreisatz gerechnet

25 € — 100 %
:10 ↓ ↓ :10
2,50 € — 10 %
:2 ↓ ↓ :2
1,25 € — 5 %

oder mit Brüchen gerechnet

$\frac{1{,}25\,€}{25\,€} = \frac{125}{2500} = \frac{5}{100} = 5\,\%$

So kannst du den erhöhten Grundwert berechnen

*Ein **Tarif** ist eine Sammlung von festen Bedingungen, insbesondere Preise, für Leistungen bestimmter Art.*

Beispiel:
In der Zeitung steht, dass der Handy-Anbieter „No Call" seine Tarife um 15 % erhöht hat. Ursprünglich kostete eine SMS 20 ct. Wie viel kostet eine SMS nach der Preiserhöhung?
Hier hast du drei Möglichkeiten, wie du rechnen kannst:

Möglichkeit 1: Mit Brüchen

Der Preis wird auf 100% + 15% = 115% erhöht. Da 1% = $\frac{1}{100}$, entspricht eine Erhöhung auf 115% einem Faktor von $\frac{115}{100}$.

Deshalb gilt: Neuer Preis = alter Preis $\cdot \frac{115}{100}$, also

$20\,\text{ct} \cdot \frac{115}{100} = \frac{20 \cdot 115}{100} = \frac{230}{10} = 23\,\text{ct}.$

Eine SMS kostet also nach der Preiserhöhung 23 ct.

Möglichkeit 2: Mit dem Dreisatz (direkt)

:100	100 % — 20 ct	:100
	1 % — 0,2 ct	
·115	115 % — 23 ct	·115

Möglichkeit 3: Schrittweise

So setzt sich der neue Preis zusammen: zum alten Preis kommen 15% vom alten Preis dazu. Es gilt also: neuer Preis = alter Preis + Erhöhung. Also musst du zuerst die Erhöhung berechnen.

Erhöhung: 15% von 20 ct = $\frac{15}{100} \cdot 20\,\text{ct} = \frac{25 \cdot 20}{100}\,\text{ct} = \frac{30}{10}\,\text{ct} = 3\,\text{ct}.$

Der neue Preis für eine SMS beträgt also 20 ct + 3 ct = 23 ct.

Wie das geht, hast du bereits im Abschnitt „Wie berechnet man den Prozentsatz" üben können.

So kannst du den „alten" Grundwert vor der Erhöhung berechnen

Beispiel:

Die Zahl der Schüler am Adam-Riese-Gymnasium hat sich um 5% auf 1050 Schüler erhöht. Wie viele Schüler hatte das Gymnasium vorher?

Da sich der Prozentsatz immer auf den „alten" Grundwert bezieht, ist in der Schülerzahl von 1050 die 5%-ige Erhöhung schon enthalten.

Möglichkeit 1: mit Brüchen

Die ursprüngliche Schülerzahl beträgt

$1050 : \frac{105}{100} = \frac{1050 \cdot 100}{105} = 1000.$

Möglichkeit 2: mit dem Dreisatz

:105	105 % — 1050	:105
	1 % — 10	
·100	100 % — 1000	·100

Das Gymnasium hatte vor der Erhöhung 1000 Schüler.

1

Berechne die neuen Preise.

Alter Preis	168 €	135 €	33 €	49,80 €
Erhöhung um	8 %	5 %	15 %	12 %
Neuer Preis	181,44 €	141,75 €	37,95 €	55,776 €

2

*Die Mehrwertsteuer (MwSt.) ist eine Umsatzsteuer. Sie wurde am 1. Januar 2007 von 16 % auf **19 %** angehoben.*

Im Großhandel werden die Preise ohne Mehrwertsteuer angegeben. Die Mehrwertsteuer wird an der Kasse dazugerechnet. Berechne die Preise mit Mehrwertsteuer. Runde dabei auf die Cent-Stelle.

a) 44 € b) 150 € c) 68,95 € d) 3,74 €

3

Wie hoch sind die Preise ohne Mehrwertsteuer?

a) 42 € b) 7,99 € c) 29,99 €
d) 6,50 € e) 24,98 € f) 69 €

4

Um wie viel Prozent haben sich die Preise erhöht?

Alter Preis	84 €	45,95 €	15,90 €	72 €
Neuer Preis	89,88 €	55,14 €	20,67 €	77,4 €
Erhöhung um				

5

***Tipp:** Rechne zuerst mit einem Beispiel.*

Das Gehalt von Herrn Schmid wird um 2 % erhöht und in 5 Jahren nochmals um 3 %. „Dann wird mein Gehalt insgesamt um 5 % erhöht", sagt Herr Schmid. Was meinst du dazu?

1.8 Prozentuale Abnahmen

So, wie der Grundwert erhöht oder gesteigert werden kann, kann der Grundwert auch gesenkt werden/abnehmen. Das kommt im Alltag häufig bei der Senkung von Kosten oder der Gewährung von Rabatten vor.

Was bedeutet eine Abnahme/Senkung um p %?

Eine Abnahme/Senkung **um p %** bedeutet, dass vom Ganzen, also dem Grundwert von 100 %, p % abgezogen werden. Der Grundwert wird also auf **100 % − p %** vermindert/gesenkt. Man spricht deshalb auch von einem **verminderten Grundwert**.

So kannst du die prozentuale Abnahme berechnen

Beachte den Gebrauch der Worte „um" und „auf". Eine Senkung um 3 % bedeutet eine Senkung auf 100 % − 3% = 97%.

Beispiel:
Bei einer Rabattaktion kostet ein Paar Schuhe statt 35 € nur noch 28 €. Wie hoch war der Rabatt in Prozent?

Möglichkeit 1:
Der Anteil des neuen Preises am alten beträgt $\frac{28\,€}{35\,€} = \frac{4}{5} = 80\,\%$.
Der Rabatt beträgt also 100 % − 80 % = 20 %.

Möglichkeit 2:
Der neue Preis ist um 35 € − 28 € = 7 € niedriger als der alte Preis.
Der Rabatt beträgt also

$$:5 \left(\begin{array}{c} 35\,€ — 100\,\% \\ 7\,€ — 20\,\% \end{array} \right) :5 \qquad \text{oder} \qquad \frac{7\,€}{35\,€} = \frac{1}{5} = 20\,\%$$

So kannst du den verminderten Grundwert berechnen

Beispiel:
Beim Autokauf erhält Herr Schnell einen Rabatt von 5 %. Wie viel muss er für sein neues Auto, das laut Liste 15 500 € kostet, bezahlen?

Möglichkeit 1:
Der Preis wird auf 100 % − 5 % = 95 % gesenkt.
Da $1\,\% = \frac{1}{100}$, entspricht ein Rabatt um 5 % einem Faktor von $\frac{95}{100}$.

Neuer Preis = alter Preis $\cdot \frac{95}{100}$, also

$15\,500\,€ \cdot \frac{95}{100} = \frac{15\,500 \cdot 95}{100}\,€$

$= 155 \cdot 95\,€ = 14\,725\,€$

oder

100 % — 10 500 €

:100 ↓ ↓ :100

1 % — 155 €

·95 ↓ ↓ ·95

95 % — 14 725 €

Herr Schnell muss für sein neues Auto 14 725 € bezahlen.

Möglichkeit 2: Schrittweise

So setzt sich der neue Preis zusammen:
Vom alten Preis werden 5 % abgezogen. Es gilt also:
neuer Preis = alter Preis – Verminderung.
Also musst du zuerst die Verminderung berechnen.

Verminderung: 5 % von 15 500 € = $\frac{5}{100} \cdot 15\,500\,€ = 5 \cdot 155\,€ = 775\,€$.

Der neue Preis für das Auto beträgt also 15 500 € – 775 € = 14 725 €.

So kannst du den „alten“ Grundwert vor der Abnahme berechnen

Beispiel:

Familie Sparsam konnte ihren Wasserverbrauch um 15 % auf 102 l senken.
Wie viel Liter Wasser hat Familie Sparsam bisher verbraucht?

Der Prozentsatz bezieht sich immer auf den „alten“ Grundwert.
Der ursprüngliche Wasserverbrauch beträgt also

$102 : \frac{85}{100} = \frac{102 \cdot 100}{85} = 120$ oder

85 % — 102

:85 ↓ ↓ :85

1 % — 1,2

·100 ↓ ↓ ·100

100 % — 120

Familie Sparsam hat also bisher 120 l verbraucht.

1

Vermindere die Preise um den angegebenen Prozentsatz. Rechne möglichst im Kopf.

a) 180 € um 20 %
b) 56,96 € um 25 %
c) 45 € um 40 %
d) 4,70 € um 30 %

2

Berechne die neuen Preise.

Alter Preis	168 €	135 €	33 €	49 €
Senkung um	8 %	5 %	15 %	12 %
Neuer Preis				

3

Um wie viel Prozent wurden die Preise gesenkt?

Alter Preis	1,75 €	25,20 €	12,50 €	99 €
Neuer Preis	1,40 €	21,42 €	11,50 €	74,25 €
Senkung um				

4

a) Maximilian kauft sich ein neues Fahrrad für 260 €. Er darf von diesem Betrag 5 % Rabatt abziehen. Wie viel muss Maximilian zahlen?
b) Ein Fahrradgeschäft macht einen Räumungsverkauf und gewährt 25 % Nachlass auf alle Artikel. Anna zahlt für ihr neues Fahrrad 174 €. Wie viel hätte sie ohne Preisnachlass zahlen müssen?

5

Herr Fuchs bezahlt die Rechnung für seine neue Stereoanlage. Er überweist nach Abzug von 2 % Skonto einen Betrag von 1008,42 €.

a) Wie hoch war der Rechnungsbetrag vor dem Abzug des Skontos?
b) In diesem Rechnungsbetrag sind 19 % Mehrwertsteuer enthalten. Wie viel kostet die Stereoanlage ohne Mehrwertsteuer?

6

Ein Kaufhaus verliert 20 % seiner Kunden. Um wie viel Prozent müssten die Preise erhöht werden, damit die Gesamteinnahmen gleich blieben?

1.9 Anwendungsaufgaben

Bisher hast du gelernt, wie du den Prozentsatz, den Prozentwert und den Grundwert auch in einfacheren Anwendungsaufgaben berechnen kannst. Doch meist weiß man bei Textaufgaben nicht sofort, zu welcher Grundaufgabe sie gehören. Einige Tipps und Tricks können dir beim Lösen von Textaufgaben behilflich sein.

So kannst du beim Lösen von Anwendungsaufgaben vorgehen

1. Aufgabenstellung/Problem

Im ersten Schritt geht es um das **Textverständnis**. Nur wenn du die Aufgabe richtig verstanden hast, kannst du sie auch lösen.

1. Lies dir die **ganze Aufgabe** genau durch.
2. Markiere die Daten, die für das Lösen der Aufgabe wichtig sind.
3. Formuliere (am besten in eigenen Worten), was du herausfinden sollst.

2. Mathematisches Modell

Im zweiten Schritt geht es darum, den Text in mathematische Sachverhalte zu übersetzen.

1. Schreibe die Daten aus dem Text heraus. Fasse zusammen, welche Größen gegeben und welche gesucht sind.
2. Versuche, das Problem auf eine der Grundaufgaben zurückzuführen. Achte dabei darauf, ob %-Angaben oder Signalwörter vorkommen.
3. Übersetze das Problem in eine mathematische Aufgabe (oder, wenn nötig, in mehrere Teilaufgaben).

Denke an die Formeln:

1.
$G = \frac{Prozentwert}{p} \cdot 100$

2.
Prozentwert =
$G \cdot p = \frac{G \cdot p}{100}$

3.
$p\,\% = \frac{Prozentwert}{Grundwert}$
oder
$p = \frac{Prozentwert}{G} \cdot 100$

3. Lösung

Löse die Aufgabe mithilfe der Grundaufgaben.

4. Kontrollen

Rechnen ist gut –
Kontrolle ist besser!

Überprüfe anhand der Aufgabe, ob dein Ergebnis stimmen kann.

1

a) Um wie viel Prozent sind 225 km weniger als 300 km?
b) Wie viel Prozent sind 135 € mehr als 90 €?
c) Der DAX beträgt 6691 Punkte. Das sind 0,15 % mehr als am Vortag. Wie hoch war der DAX am Vortag?

2

Bei der Bundestagswahl 2005 haben 16 194 665 Wähler ihre Stimme der SPD gegeben, das entsprach einem Anteil von 34,2 %. Wie viele Stimmen wurden insgesamt gezählt?

3

In Gaststätten erhalten die Preise oft 10 % für die Bedienung. Vanessa und Björn essen einen Eisbecher für 6,60 €. Björn berechnet, dass das Bedienungsgeld 66 ct beträgt, Vanessa dagegen behauptet, dass der Preis nur 60 ct Bedienungsgeld enthält. Wer hat Recht? Begründe.

4

Zinnbronze ist eine Legierung, die aus 60 % Kupfer und 40 % Zinn besteht. Für eine Bronzestatue wurden 25 kg Zinn verarbeitet. Wie schwer ist die Statue?

5

Professor Lucks Weisheitselixier besteht aus 30 % Wasser, 62,5 % Blutwurstfett und 2 g Spinnenhaare (die Prozentangaben beziehen sich auf die Masse des ganzen Tranks). Wie viel Gramm Wasser beziehungsweise Blutwurstfett enthält das Elixier?

6

Herr Knauser erhöht den Preis einer Ware um 10 %. Nach einiger Zeit senkt er den Preis wieder um 10 %. Macht er dabei Verlust, Gewinn oder bleibt alles beim Alten? Begründe.

7

Beate hat während einer Diät 5 % ihrer Körpermasse abgenommen, das sind genau 4 kg. Wie viel wog sie vor dieser Diät?

1.10 Zinsen als besondere Prozente

Wenn du dein Geld einer Bank zur Verfügung stellst, zahlt dir die Bank dafür **Zinsen** (von lat. *Census* = Abgabe). Wenn du dir von der Bank Geld leihst, also ein Darlehen aufnimmst, musst du an sie Zinsen bezahlen. Die Zinsrechnung ist jedoch nichts Neues, sondern eine Anwendung der Prozentrechnung.

So hängt die Zinsrechnung mit der Prozentrechnung zusammen

Folgende Begriffe der Prozent- und Zinsrechnung entsprechen einander:
Zinssatz p % ≙ Prozentsatz p %
Kapital K ≙ Grundwert G
(Jahres-)**Zinsen Z ≙ Prozentwert**
Das **Kapital** ist das Geld, das du der Bank überlässt. Die (Jahres-)**Zinsen** sind das Geld, das dir die Bank für die Überlassung des Kapitals bezahlt.
Also lautet die Formel für die Zinsrechnung:

$$\text{Zinsatz } p\,\% = \frac{\text{(Jahres-)Zinsen}}{\text{Kapital}} = \frac{Z}{K}$$

So lauten die Grundaufgaben für die Zinsrechnung

Du kannst wie bisher bei der Prozentrechnung auch die Grundaufgaben der Zinsrechnung auf verschiedene Arten berechnen. Wir verwenden im Folgenden nur das Rechnen mit der Formel, da das die schnellere Methode ist und da der Dreisatz in der Formel verkürzt dargestellt wird.

1. Berechnen des Zinssatzes
Den Zinssatz kannst du mit folgender Formel berechnen:

$$\text{Zinsatz } p\,\% = \frac{\text{(Jahres-)Zinsen}}{\text{Kapital}}, \text{ also gilt: } p = \frac{Z}{K} \cdot 100$$

Beispiel:
Kim hat 250 € auf ihrem Sparbuch. Nach einem Jahr erhält sie von der Bank dafür 6,25 € Zinsen. Wie hoch ist der Zinssatz bei dieser Bank?

$$\text{Zinssatz } p\,\% = \frac{6{,}25\,€}{250\,€} \cdot 100 = 2{,}5\,\%.$$

2. Berechnen der (Jahres-) Zinsen

Die Jahreszinsen kannst du mit folgender Formel berechnen:

(Jahres-)Zinsen = Kapital · Zinssatz p % oder kurz: $Z = \frac{K \cdot p}{100}$

Beispiel:

Alex hat 400 € auf seinem Sparbuch. Wie viel Zinsen erhält er nach einem Jahr bei einem Zinssatz von 2 %?

Alex erhält nach einem Jahr $400\,€ \cdot 2\,\% = 400\,€ \cdot \frac{2}{100} = 8\,€$ Zinsen.

3. Berechnung des Kapitals

Das angelegte Kapital kannst du mit folgender Formel berechnen:

$\text{Kapital} = \frac{\text{(Jahres-)Zinsen}}{\text{Zinssatz } p\,\%}$ oder kurz: $K = \frac{Z}{p} \cdot 100$

Beispiel:

Familie Maier braucht zur Finanzierung eines neuen Autos ein Darlehen von der Bank, das sie nach einem Jahr wieder zurückzahlen wollen. Sie können 240 € an Zinsen zahlen. Wie hoch ist das Darlehen, wenn die Bank einen Zinssatz von 4 % verlangt?

Das Darlehen beträgt $\frac{240\,€}{4\,\%} = \frac{240\,€}{\frac{4}{100}} = \frac{240\,€ \cdot 100}{4} = 6000\,€$.

1

Berechne die Jahreszinsen für die Guthaben.

Guthaben	280 €	560 €	421 €	5000 €
Zinssatz	0,75 %	2,75 %	3 %	3,75 %
Zinsen				

2

Berechne jeweils die fehlende Größe.

a)

K in €	1500		1100	500	4000	240	24
Z in €		41,25	44		240	2,40	
p %	2 %	$2\frac{3}{4}$ %		1,75 %			1,5 %

b)

K in €		15 120	63	873,40		500	
Z in €	30	378			54	15	13,05
p %	12 %		7 %	5 %	8 %		4,5 %

3

a) Ein Guthaben beträgt nach einem Jahr Verzinsung mit 3,2 % genau 660,48 €. Welcher Betrag wurde vor einem Jahr einbezahlt?

b) Ein Guthaben von 5230 € wächst in einem Jahr auf 5517,65 €. Wie hoch ist die jährliche Verzinsung?

4

a) Tom legt 1200 € bei einem Zinssatz von 2,5 % für 3 Jahre an. Wie viel Geld hat er nach diesen drei Jahren? Rechne schrittweise Jahr für Jahr.

b) Ein Guthaben von 84 000 € wird mit 4,3 % jährlich verzinst. Wie groß ist das Guthaben nach zwei Jahren? Rechne schrittweise Jahr für Jahr.

5

Wie viel Zinsen bringt

a) das ganze Kapital bei doppeltem Zinssatz,

b) das doppelte Kapital bei halbem Zinssatz,

c) das halbe Kapital bei halbem Zinssatz,

d) das dreifache Kapital bei einem Viertel des Zinssatzes,

e) das halbe Kapital bei dreifachem Zinssatz,

f) ein Viertel des Kapitals bei dreifachem Zinssatz?

1.11 Zinsen für beliebige Zeitspannen

Der Zinssatz wird im Allgemeinen für den Zeitraum von einem Jahr angegeben. Doch im Alltag bleibt Geld oft für einen längeren oder kürzeren Zeitraum auf dem Konto.

Wie berechnet man Zinsen für beliebige Zeitspannen?

Liegt das Guthaben für weniger als ein Jahr auf dem Konto, dann musst du die Jahreszinsen mit dem entsprechenden Anteil des Jahres multiplizieren. Dafür kannst du folgende Formel verwenden:

Tageszinsen: $Z_t = \frac{K \cdot p}{100} \cdot \frac{t}{360}$ für t Tage.

Monatszinsen: $Z_m = \frac{K \cdot p}{100} \cdot \frac{m}{12}$ für m Monate.

Beispiel:
Ein Guthaben von 5000 € wird bei einem Zinssatz von 1,75 % für 200 Tage angelegt. Wie hoch sind die Zinsen?

Lösung: $Z_t = \frac{5000\,€ \cdot 1{,}75}{100} \cdot \frac{200}{360} = 50\,€ \cdot 1{,}75 \cdot \frac{5}{9} \approx 48{,}61\,€$.

Merke:
Ein Bankjahr hat 360 Tage, ein Bankmonat 30 Tage.

1

Nach ihrer Konfirmation zahlt Elisa am 20. April 550 € auf ihr Sparbuch ein. Für ihren Aufenthalt im Zeltlager hebt sie am 25. Juni das Geld wieder ab.
Berechne, wie viel Zinsen ihr in dieser Zeit von der Bank bei einem Zinssatz von 1,5 % gutgeschrieben wurden.

2

Ein Kredit, der am 10. 03. zu 9 % aufgenommen worden war, wird am 24.10. des gleichen Jahres mit 2471,04 € zurückgezahlt. Berechne die Höhe des Kredits.

3

a) Welchen Zins erhält man für ein Guthaben von 270 € bei einem Zinssatz von 5 % in 72 Tagen?
b) Welches Kapital bringt in 5 Monaten bei einem Zinssatz von 4 % einen Zins von 4,68 €?

1

Berechne.

a) 15 % von 345 €
b) 23 % von 2500 kg
c) 130 m von 6500 m
d) 564 ct von 12 €
e) 73 % sind 219 €
f) 2,5 % sind 3 l

Punkte: max. 6

2

a) Durch einen Anbau wurde die Wohnfläche eines Hauses von 132 m^2 auf 165 m^2 vergrößert. Um wie viel Prozent wurde die Wohnfläche vergrößert?
b) Für Bücher und Lebensmittel gilt ein ermäßigter Steuersatz von 7 %. Wie teuer war der Einkauf, wenn die ermäßigte Mehrwertsteuer 1,75 € beträgt?
c) Wie viel hat eine Waschmaschine in einem Elektroladen ursprünglich gekostet, wenn während einer Rabattaktion dieselbe Waschmaschine bei 20 % Ermäßigung nur noch 560 € kostet?

Punkte: max. 3

3

Ein Lebensmittelhändler wirbt: „3 Packungen nur 2,75 €. Damit sparen sie 16 %". Wie teuer ist eine Einzelpackung?

Punkte: max. 4

4

Ein Autohändler verkauft einen Gebrauchtwagen für 8800 € zuzüglich MwSt. Er bietet bei einer Anzahlung von 7200 € einen Ratenkauf mit 12 Raten zu je 299 € an. Um wie viel Prozent ist der Preis beim Ratenkauf höher?

Punkte: max. 4

5

Katharina und Mario haben jeweils 600 €, die sie für zwei Jahre bei einer Bank anlegen wollen. Katharina bekommt bei ihrer Bank pro Jahr 2 % Zinsen, Mario bekommt auf seiner Bank im ersten Jahr 1 %, im zweiten Jahr 3 % Zinsen. Auf welcher Bank sollten sie ihr Geld anlegen? Begründe.

Punkte: max. 4

6

Berechne die fehlenden Größen.

Kapital K	1800 €	19575 €	300 €	128 €
Zinssatz p %	3 %	2,25 %		5 %
Zeit	30 Tage	3 Monate	6 Monate	
Zinsen Z			6 €	1,60 €

Punkte: max. 4

Gesamtpunkte: max. 25

Aufgaben Nummer	erreichte Punktzahl von (...)	Lernerfolg	Lernein-heit abha-ken ✓
1	____ (6)	Wenn du diese Aufgabe richtig gelöst hast, ist das ein Zeichen dafür, dass du die Grundaufgaben berechnen kannst.	1.1 – 1.5
2	____ (3)	Bei diesen Aufgaben konntest du überprüfen, ob du mit dem erhöhten oder verminderten Grundwert gut zu Recht kommst.	1.7 – 1.8
3 4	____ (4) ____ (4)	Hast du die Aufgaben richtig gelöst kannst du das Kapitel „Vermischte Aufgaben zur Prozentrechnung“ abhaken.	1.6
5	____ (4)	Bei dieser Aufgabe konntest du zeigen, dass du die Zinsrechnung beherrschst.	1.10
6	____ (4)	Hast du die fehlenden Größen richtig berechnet, hast du einen hohen Schwierigkeitsgrad gemeistert.	1.11

19 – 25 Punkte	13 – 18 Punkte	7 – 12 Punkte	0 – 6 Punkte
Prima, du hast dieses Kapitel gut verstanden! Nun kannst du das nächste Kapitel üben.	Das klappt ja schon recht ordentlich! Du kannst vieles recht gut, aber es könnte auch besser sein. Wiederhole die Abschnitte noch einmal, die in deiner Checkliste nicht abgehakt sind.	Einiges hast du schon ganz gut gelöst, insgesamt sind deine Lücken aber noch zu groß. Wiederhole die Abschnitte noch einmal, die in deiner Checkliste nicht abgehakt sind.	Es gibt bei dir noch sehr viele Unsicherheiten. Du musst noch mehr üben! Wiederhole die Abschnitte noch einmal, die in deiner Checkliste nicht abgehakt sind.

2 Wahrscheinlichkeitsrechnung

2.1 Zufallsexperimente und Wahrscheinlichkeiten

Die Wahrscheinlichkeitsrechnung ist das Teilgebiet der Mathematik, das von der Beschreibung zufälliger Ereignisse handelt. Erste Anwendungen der Wahrscheinlichkeitsrechnung stammen aus dem Bereich des Glücksspiels. Heute wird sie auch genutzt, um Umfrageergebnisse zu beurteilen oder um Vorhersagen zu erstellen.

Was ist ein Zufallsexperiment?

Ein Zufallsexperiment ist ein Vorgang mit zufälligem Ausgang, bei dem gilt:

1. Der Vorgang ist (zumindest theoretisch) beliebig oft durchführbar und zwar immer nach den gleichen Regeln.
2. Die möglichen Ergebnisse können schon vor der Durchführung angegeben werden. Sie bilden die Ergebnismenge S.
3. Jedes Ergebnis ist zufällig, d.h. es kann nicht vorhergesagt werden.

Beispiel:
Beim Würfeln können die Augenzahlen von 1 bis 6 geworfen werden. Also ist die Ergebnismenge $S = \{1; 2; 3; 4; 5; 6\}$.

Was ist die Wahrscheinlichkeit?

Die Wahrscheinlichkeit ist eine Einstufung nach dem Grad der Gewissheit und gibt den Wert an, mit dem ein Ergebnis erwartet wird. Wahrscheinlichkeiten sind **Anteile** und werden meist als Bruch oder in Prozent geschrieben. Sind alle Ergebnisse eines Zufallsversuchs **gleichwahrscheinlich**, so gilt für die Wahrscheinlichkeit eines Ergebnisses E:

$P(E) = \frac{1}{\text{Anzahl aller möglichen Ergebnisse}}$.

Ein solches Zufallsexperiment wird **Laplace-Experiment** genannt.

Beispiele:

a) Die Wahrscheinlichkeit, beim Münzwurf Kopf zu erhalten, ist eine von zwei Möglichkeiten, also $P(\text{Kopf}) = \frac{1}{2} = 50\,\%$.

b) Die Wahrscheinlichkeit, beim Würfeln eine 6 zu werfen, ist eine von sechs Möglichkeiten, also $P(6) = \frac{1}{6} \approx 16{,}7\,\%$.

1

Wie groß ist die Wahrscheinlichkeit, bei dem jeweiligen Glücksrad den Hauptgewinn zu drehen?

a)

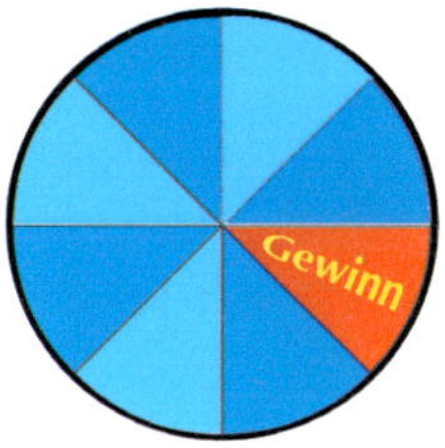

b)

c)

2

Du hast ein Skatspiel mit 32 Karten.
Wie groß ist die Wahrscheinlichkeit

a) das Herz-As
b) eine Karo-Karte
c) eine rote Karte
d) eine Dame

zu ziehen?

3

Wie groß ist die Wahrscheinlichkeit, eine 6 zu würfeln?

a)

b)

c)

2.2 Voraussagen – empirische Wahrscheinlichkeiten

Es gibt Zufallsexperimente, bei denen die Wahrscheinlichkeiten nicht direkt zu berechnen oder zu erkennen sind.

Wie kann man den Ausgang eines Zufallsexperiments voraussagen?

Wahrscheinlichkeitsaussagen beziehen sich immer auf einzelne zukünftige mögliche Ergebnisse eines Zufallsexperimentes. Deshalb ist es sinnvoll, so vorzugehen:

1. **Zufallsexperiment planen**
2. **wiederholte Durchführung des Zufallsexperiments unter gleichen Bedingungen**
3. **Ergebnisse auswerten**

Bei einem Zufallsexperiment kannst du die **relative Häufigkeit** berechnen, indem du ermittelst, wie oft ein bestimmtes Ereignis eingetreten ist und den Anteil an der Gesamtzahl aller Ereignisse berechnest.

Was ist das empirische Gesetz der großen Zahl?

Empirisch heißt in diesem Fall, dass der Schätzwert der Wahrscheinlichkeit in Versuchen gewonnen wird.

Aussagen über die Wahrscheinlichkeit eines Ereignisses sind nur dann sinnvoll, wenn sie auf Beobachtungen beruhen, die während einer (sehr) großen Zahl von Durchläufen des gleichen Zufallsexperimentes gemacht worden sind. Dann pendelt sich die relative Häufigkeit in der Regel bei einem festen Wert ein. Dieser Wert kann als Schätzwert für die Wahrscheinlichkeit betrachtet werden.

Beispiel:

Ein Kronkorken wird mehrmals geworfen. Er kann entweder auf den „Rücken" oder die „Kante" fallen. Die nebenstehende Tabelle enthält die dabei ermittelten absoluten Häufigkeiten.

Daraus ergibt sich als Schätzwert für die Wahrscheinlichkeit:
P („Rücken") = 60 % = 0,6

Anzahl der Würfe	„Rücken"	rel. Häufigkeit
100	65	$\frac{65}{100} = \frac{650}{1000}$
200	117	$\frac{117}{200} = \frac{585}{1000}$
500	299	$\frac{299}{500} = \frac{598}{1000}$
1000	601	$\frac{601}{1000}$

1

Um zu ermitteln, wie oft ein Reißnagel „auf den Kopf“ oder „auf die Seite“ fällt, muss man den Reißnagel wiederholt werfen und die Ergebnisse notieren. Die nebenstehende Tabelle enthält die dabei ermittelten absoluten Häufigkeiten.

a) Ermittle für jeden Versuch die relative Häufigkeit für „Kopf“.

b) Welche Wahrscheinlichkeit für „Kopf“ würdest du angeben?

Anzahl der Würfe	davon „Kopf“	rel. Häufigkeit
100	43	
200	76	
500	198	
750	302	
1000	401	

2

In der nebenstehenden Tabelle findest du die Anzahl der lebend geborenen Babys in Deutschland.

a) Ermittle für jedes Jahr die relative Häufigkeit für eine Jungengeburt.

b) Ermittle für den ganzen Zeitraum der 10 Jahre die relative Häufigkeit für eine Jungengeburt.

c) Welche Wahrscheinlichkeit für eine Jungengeburt in Deutschland würdest du angeben?

Jahr	männlich	weiblich
1996	409 214	386 800
1997	417 006	395 167
1998	402 865	382 169
1999	396 296	374 448
2000	393 323	373 676
2001	377 586	356 889
2002	369 277	349 973
2003	362 709	344 012
2004	362 017	343 605
2005	351 757	334 038

Hier geht es nicht ohne Taschenrechner.

Mehr statistische Daten findest du beim statistischen Bundesamt im Internet unter www.destatis.de.

2.3 Ereignisse und ihre Wahrscheinlichkeiten

Sind die Wahrscheinlichkeiten für bestimmte Ergebnisse eines Zufallsexperimentes ermittelt oder bekannt, kannst du damit Wahrscheinlichkeiten für weitere Ereignisse berechnen.

Was ist ein Ereignis?

Ein **Ereignis** ist eine beliebige Menge von Ergebnissen eines Zufallsexperiments. Zum Beispiel ist beim Würfeln das Ereignis „eine gerade Zahl würfeln" die Menge {2, 4, 6} der entsprechenden Ergebnisse.
Ein Ereignis, das nach bisherigen Erfahrungen niemals eintritt, hat die Wahrscheinlichkeit Null, das sichere Ereignis, das auf jeden Fall eintreten wird, hat die Wahrscheinlichkeit 1 = 100%.
Die Wahrscheinlichkeit für irgendein zufälliges Ereignis liegt demnach zwischen 0 und 1 und es gilt: $0 \leq P(E) \leq 1$.

So kannst du die Wahrscheinlichkeit eines Ereignisses berechnen

Die Wahrscheinlichkeit eines Ereignisses A ist die Summe der Wahrscheinlichkeiten der zugehörigen Ergebnisse. Sind alle Ergebnisse gleich wahrscheinlich, gilt die Formel von Laplace:

$$P(A) = \frac{\text{Anzahl der günstigen Ergebnisse}}{\text{Anzahl aller Ergebnisse}}.$$

Beachte: Je größer die Zahl ist, desto größer ist auch die Wahrscheinlichkeit.

nie selten oft immer

$0 = 0\%$ $\frac{1}{2} = 50\%$ $1 = 100\%$

Beispiel:
Beim Würfeln ist das sichere Ereignis die Ergebnismenge
S = {1, 2, 3, 4, 5, 6}. Das unmögliche Ereignis gibt es nicht, da immer eine Augenzahl geworfen wird. Es ist also die leere Menge ∅.
Das Ereignis „gerade Zahl" besteht aus der Menge A = {2, 4, 6}.
3 von 6 Ergebnissen sind günstig, also ist $P(A) = \frac{3}{6} = \frac{1}{2}$.

1

Wie groß ist beim Roulette die Wahrscheinlichkeit für die Ereignisse

A: eine einzelne Zahl,
B: Rouge, d.h. eine rote Zahl,
C: Pair, d.h. eine gerade Zahl,
D: eine der 4 Zahlen, die auf dem Spielplan ein Quadrat (genannt Carré) bilden,
E: eine der in einer Reihe nebeneinander liegenden Zahlen,
F: eine der in einer Reihe untereinander liegenden Zahlen?

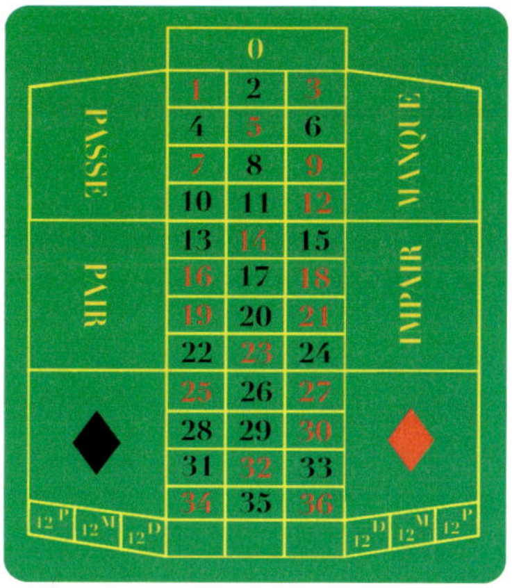

2

Berechne die Wahrscheinlichkeiten für die Ereignisse

A: rotes Feld,
B: weißes Feld,
C: gerade Zahl,
D: eine durch 3 teilbare Zahl,
E: die Zahl 5 oder die Zahl 6.

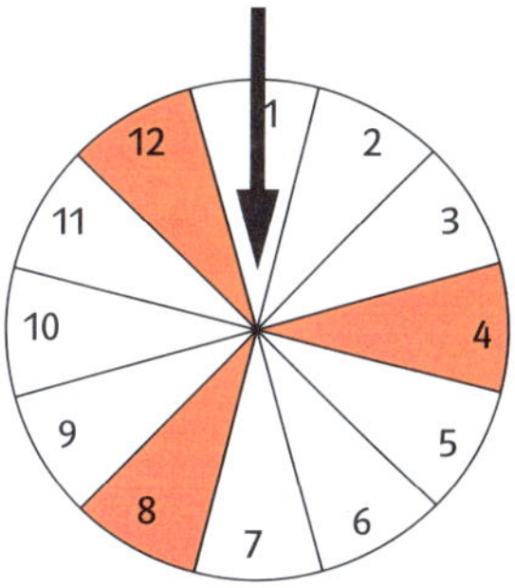

3

Was ist wahrscheinlicher?

a) Beim Würfeln eine 6 zu werfen oder beim Roulette die in einer Reihe untereinander liegenden Zahlen zu erhalten?
b) Von 128 Losen einen der 16 Gewinne oder beim Skatspiel einen König zu ziehen?
c) In einem Sommermonat Geburtstag zu haben oder beim Würfeln eine Zahl größer als 4 zu werfen?

4

Bei einer Tombola werden insgesamt 200 Lose verkauft. Es gibt 5 Hauptgewinne und 20 Kleingewinne. Jonas kauft ein Los. Berechne die Wahrscheinlichkeit für die Ereignisse

A: Hauptgewinn,
B: irgendein Gewinn.
C: kein Gewinn.

2.4 Gegenereignisse

Manchmal kannst du die Wahrscheinlichkeiten für bestimmte Ereignisse schneller und leichter berechnen, wenn du das Gegenereignis betrachtest.

Was ist ein Gegenereignis?

Bei einem Zufallsexperiment sei E ein Ereignis.
Mit dem **Gegenereignis** $\overline{E}$ werden die Ergebnisse bezeichnet, die nicht zum Ereignis E gehören. Ein Ereignis E und sein Gegenereignis $\overline{E}$ ergeben zusammen das sichere Ereignis S.

Wie kann man Wahrscheinlichkeiten mit dem Gegenereignis berechnen?

Da sich E und $\overline{E}$ zur Ergebnismenge ergänzen, gilt: $P(E) + P(\overline{E}) = 1$.
Damit kannst du die Wahrscheinlichkeiten $P(E)$ und $P(\overline{E})$ so berechnen:
$P(E) = 1 - P(\overline{E})$ und $P(\overline{E}) = 1 - P(E)$.

Beispiele:

a) Wie groß ist die Wahrscheinlichkeit, beim Würfeln keine 1 zu werfen?
Lösung mithilfe des Gegenereignisses:
Es ist $P(1) = \frac{1}{6}$. Damit gilt für P(keine 1):
$P(\text{keine } 1) = 1 - P(1) = 1 - \frac{1}{6} = \frac{5}{6}$

b) Wie groß ist die Wahrscheinlichkeit, beim Würfeln keine Zahl größer als 4 zu werfen?
Lösung mithilfe des Gegenereignisses:
Die Augenzahlen 5 und 6 sind größer als 4. Also gilt:
$P(\text{nicht größer als } 4) = 1 - \frac{2}{6} = \frac{4}{6} = \frac{2}{3}$

1

Jasmin und Max werfen einen Legostein und ermitteln für das Eintreten der Augenzahlen folgende Wahrscheinlichkeiten:

Ergebnis	1	2	3	4	5	6
P(E)	0,5	0,06	0,06	0,26	0,06	0,06

Berechne die Wahrscheinlichkeiten für die folgenden Ereignisse beim nächsten Wurf:

A: gerade Zahl
B: ungerade Zahl
C: weniger als 1
D: weniger als 3
E: mindestens 1
F: höchstens 1

2

In einer Mini-Gummibärchenpackung befinden sich drei grüne, vier rote, zwei gelbe und ein weißes Gummibärchen.

a) Mit welcher Wahrscheinlichkeit erwischt Larissa ein Gummibärchen ihres Lieblingsgeschmacks rot oder grün, wenn sie einmal ohne Hinzuschauen in die Packung greift?

b) Larissas Bruder Alex mag am liebsten grün oder weiß. Mit welcher Wahrscheinlichkeit erwischt er eines seiner Lieblingsbärchen, wenn er als erster in die Packung greift?

c) Wie ändern sich die Wahrscheinlichkeiten, wenn zuerst Larissa und dann Alex in die Packung greift?

3

Wie groß ist die Wahrscheinlichkeit,

a) an einem Sonntag
b) an einem Samstag oder Sonntag

geboren zu sein?

4

Wie groß ist die Wahrscheinlichkeit, dass Schwarz beim nächsten Wurf

a) eine gelbe Figur raus wirft,

b) irgendeine Figur raus wirft,

c) beim nächsten Wurf ins „Haus“ kommt?

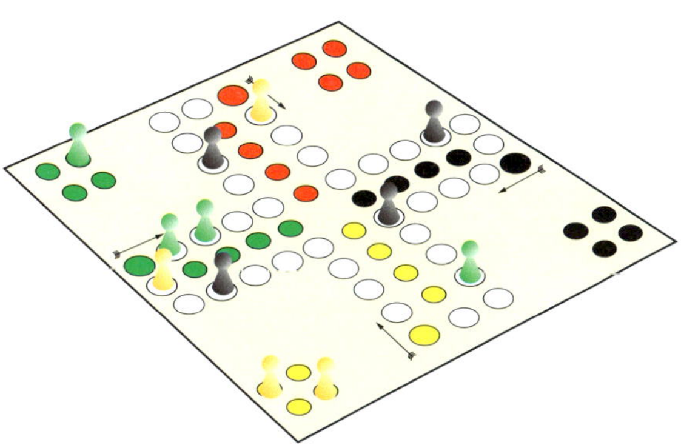

2.5 Mehrstufige Zufallsexperimente – Baumdiagramme

Bisher wurde jedes Zufallsexperiment einmal durchgeführt. Doch viele Zufallsexperimente sind mehrstufig, z. B wenn man zweimal hintereinander einen oder wenn man mehrere Würfel auf einmal wirft. Um die Wahrscheinlichkeiten von solchen Zufallsexperimenten zu berechnen, hilft dir ein Baumdiagramm.

Was ist ein mehrstufiges Zufallsexperiment?

Zufallsexperimente, die aus mehreren Vorgängen bestehen, werden mehrstufig genannt. Diese können gleichzeitig ablaufen wie das Werfen mehrerer Würfel oder nacheinander wie das mehrmalige Werfen eines Würfels.
Mit einem **Baumdiagramm** kannst du den Ablauf und die Ergebnismenge eines solchen Zufallsexperiments übersichtlich darstellen.

Wie kann man ein Baumdiagramm zeichnen?

Du kannst ein Baumdiagramm entweder von links nach rechts oder von oben nach unten zeichnen.

Ein Baumdiagramm beginnt mit einem Stamm, an dem sich so viele **Äste** befinden wie Ergebnisse möglich sind. Am Ende jedes Astes steht das **Ergebnis**, neben den Ast schreibst du die **Wahrscheinlichkeit** für das Eintreten des jeweiligen Ergebnisses. Jeder Endpunkt des Baumes ist durch einen eindeutigen Weg **(=Pfad)** erreichbar.

Beispiel:
Ein zweistufiges Experiment mit zwei möglichen Ausgängen, wie das zweimalige Werfen einer Münze.

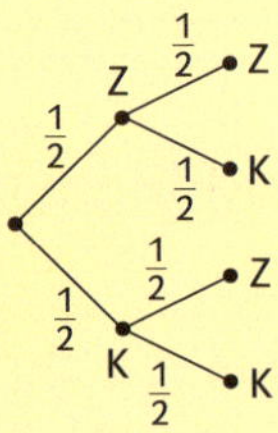

Beachte:
1. Da verschiedene Ergebnisse unterschiedliche Wahrscheinlichkeiten haben können, können auch an den Ästen unterschiedliche Wahrscheinlichkeiten stehen.
2. Wenn du nur ein Ereignis oder Gegenereignis bestimmen willst, musst du gar nicht den ganzen Baum zeichnen, sondern es genügt ein vereinfachter Baum mit den relevanten Pfaden.

1

Eine Münze wird dreimal geworfen. Stelle die möglichen Ergebnisse in einem Baumdiagramm dar.

2

Ein 4-er-Legostein wird mit den Zahlen von 1 bis 6 beschriftet. Beim Werfen erscheinen die Zahlen mit den in der Tabelle notierten Wahrscheinlichkeiten.

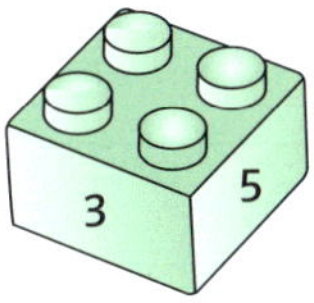

Ergebnis	1	2	3	4	5	6
P(E)	0,5	0,06	0,06	0,26	0,06	0,06

Stelle die möglichen Ergebnisse beim zweimaligen Werfen in einem Baumdiagramm dar.

3

Das Glücksrad wird dreimal gedreht. Stelle die möglichen Ergebnisse in einem Baumdiagramm dar.

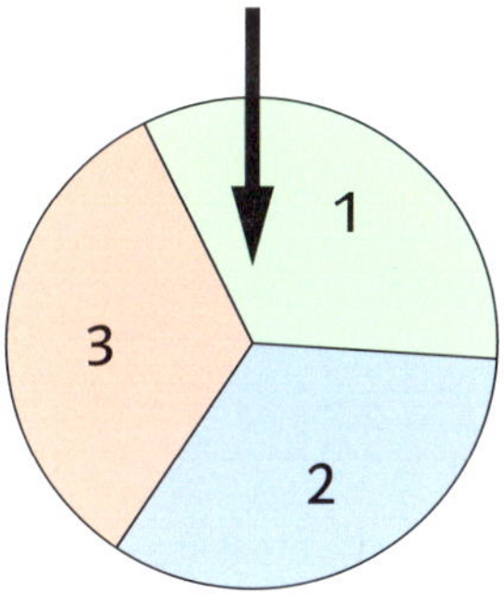

4

Moni nimmt nacheinander zwei Bonbons aus der Dose. Stelle die möglichen Ergebnisse in einem Baumdiagram dar.

2.6 Pfadregeln

Die Baumdiagramme sind ein wichtiges Hilfsmittel, um die Durchführung von mehrstufigen Zufallsexperimenten zu veranschaulichen. Mithilfe der Pfadregeln kannst du die Wahrscheinlichkeit von Ereignissen eines solchen Zufallsexperiments berechnen.

Diese Pfadregeln musst du können

1. Pfadregel (Produktregel)
Bei einem mehrstufigen Zufallsexperiment erhältst du die Wahrscheinlichkeit eines Pfades, indem du die Wahrscheinlichkeiten längs dieses Pfades miteinander multiplizierst.

Beispiel:
Wie groß ist die Wahrscheinlichkeit, zweimal hintereinander Kopf zu werfen?

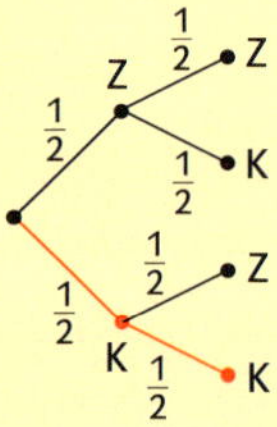

$$P(KK) = \frac{1}{2} \cdot \frac{1}{2} = \frac{1}{4} = 25\,\%$$

2. Pfadregel (Summenregel)
Gehören mehrere Ergebnisse zu einem bestimmten Ereignis, dann musst du alle günstigen Pfade berücksichtigen. Die Wahrscheinlichkeit des Ereignisses erhältst du, indem du die Wahrscheinlichkeiten der günstigen Pfade addierst.

Beispiel:
Wie groß ist die Wahrscheinlichkeit, einmal Kopf und einmal Zahl zu werfen?

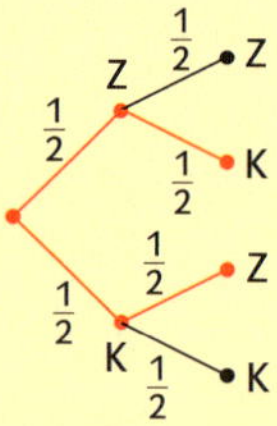

P(einmal Kopf, einmal Zahl) =
$$P(KZ, ZK) = \frac{1}{2} \cdot \frac{1}{2} + \frac{1}{2} \cdot \frac{1}{2} = \frac{1}{4} + \frac{1}{4} = \frac{1}{2}$$

1

Wie groß ist die Wahrscheinlichkeit dafür, dass beim dreimaligen Werfen einer Münze

A zweimal hintereinander Kopf,
B als zweites die Zahl,
C dreimal das gleiche Ergebnis,
D nie Kopf,
E als letztes Ergebnis Zahl,
F genau einmal Kopf fällt?

2

Malte hat bei einer Versuchsreihe mit einem Kronkorken folgende Ergebnisse erzielt und in einer Tabelle festgehalten:

Ergebnis	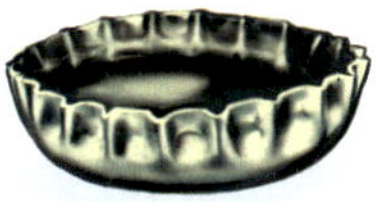	
Anzahl	121	79
relative Häufigkeit		
Näherungswert für die Wahrscheinlichkeit		

a) Berechne die relative Häufigkeit für „Rücken" und „Kante" und bestimme daraus einen Näherungswert für die Wahrscheinlichkeit.
b) Jetzt wird der Kronkorken dreimal geworfen. Bestimme die Wahrscheinlichkeiten für die folgenden Ereignisse:
A: Der Kronkorken liegt öfter auf der Kante
B: Nur Kante oder nur Rücken
C: Zweimal Rücken, einmal Kante

3

Wie groß ist die Wahrscheinlichkeit, dass beim zweimaligen Werfen des Legosteins von S. 41, Aufgabe 2,
A zweimal die 1,
B einmal die 1,
C eine gerade Zahl,
D zweimal die gleiche Zahl fällt?

2.7 Vereinfachte Baumdiagramme

Besteht ein Zufallsexperiment aus mehreren möglichen Ergebnissen und Durchführungen, würde ein Baumdiagramm aufgrund der hohen Anzahl der Äste ziemlich unübersichtlich. Deshalb kannst du dir viel Arbeit ersparen, wenn du nur einen Teil des Baumdiagramms zeichnest.

So kannst du ein vereinfachtes Baumdiagramm zeichnen

Beispiel:
Wie groß ist die Wahrscheinlichkeit, beim dreimaligen Würfeln genau eine 6 zu werfen?

1. Betrachte nur die günstigen Ergebnisse und ermittle deren Wahrscheinlichkeiten.

   In diesem Beispiel sind nur „6" oder „keine 6" interessant. Die Wahrscheinlichkeiten dafür sind:
   $P(6) = \frac{1}{6}$ und $P(\text{keine } 6) = \frac{5}{6}$

2. Zeichne ein Baumdiagramm, das nur aus diesen zwei Ergebnissen besteht.

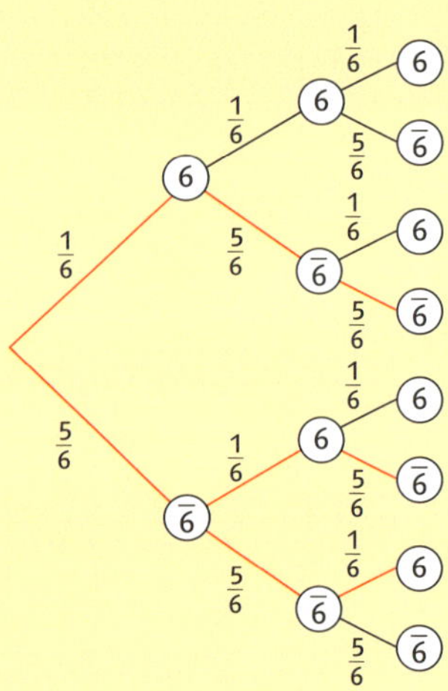

3. Markiere die Pfade, die zu dem gewünschten Ereignis führen und berechne die Wahrscheinlichkeit mithilfe der Pfadregeln.

   P(genau einmal 6) =
   $\frac{25}{216} + \frac{25}{216} + \frac{25}{216} = \frac{75}{216} \approx 34{,}7\,\%$

Beachte: Du kannst auch alle Ergebnisse aufschreiben, die einzelnen Wahrscheinlichkeiten berechnen und sie dann addieren:

$P(\overline{666}; \overline{666}; \overline{666}) = \frac{1}{6} \cdot \frac{5}{6} \cdot \frac{5}{6} + \frac{5}{6} \cdot \frac{1}{6} \cdot \frac{5}{6} + \frac{5}{6} \cdot \frac{5}{6} \cdot \frac{1}{6} = \frac{75}{216} \approx 34{,}7\,\%.$

1

In einer Dose befinden sich 14 gelbe, 12 orangefarbene und 24 blaue Kugeln. Tobias zieht drei Kugeln und legt nach jedem Zug die Kugel wieder zurück. Bestimme die Wahrscheinlichkeiten für die folgenden Ereignisse:

A: drei gleichfarbige Kugeln
B: zwei blaue und eine gelbe Kugel
C: keine orangefarbene Kugel

2

In einer Loskugel befinden sich zehn Kugeln, die mit Buchstaben beschriftet sind.

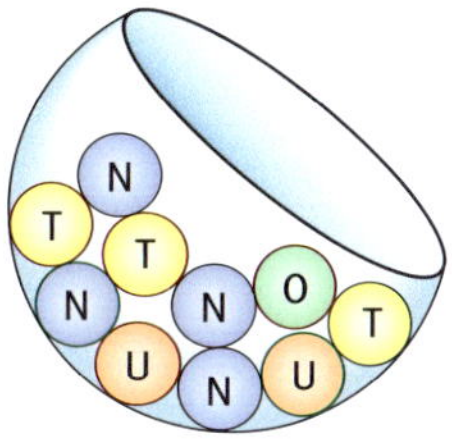

a) Pauline zieht dreimal eine Kugel, notiert den Buchstaben und legt die Kugel wieder zurück. Bestimme die Wahrscheinlichkeit für die folgenden Wörter.

A: TUN B: NUN C: TON
D: NOT E: TUT

b) Nun zieht Andreas dreimal. Er legt die Kugeln aber nicht mehr zurück. Bestimme die veränderten Wahrscheinlichkeiten für die Ereignisse aus Teilaufgabe a).

Beachte immer die Anzahl der günstigen und die Anzahl aller Ergebnisse.

3

Die Tabelle zeigt, wie häufig die einzelnen Blutgruppen in Deutschland vorkommen.

0	A	B	AB
41%	43%	11%	5%

Vier Personen kommen zur Blutspende.
Bestimme die Wahrscheinlichkeiten für die folgenden Ereignisse:

A: genau 2 Personen haben die Blutgruppe B
B: alle vier Personen haben die Blutgruppe 0
C: alle vier haben eine unterschiedliche Blutgruppe
D: keine Person die Blutgruppe AB hat
E: zwei Personen haben die Blutgruppe 0 und zwei Personen haben die Blutgruppe A

2.8 Vermischte Aufgaben

1

In einer Lostrommel befinden sich 100 Lose, alle mit den Zahlen von 1 bis 100 durchnummeriert. Bestimme die Wahrscheinlichkeiten der Ereignisse

A: Die Zahl ist gerade

B: Die Zahl ist durch 4 teilbar

C: Die Zahl ist durch 5 teilbar

D: Die Zahl endet auf 7

E: Die Zahl ist durch 4 teilbar oder endet auf 7

F: Die Zahl hat zwei gleiche Ziffern

2

Das Spiel 77 ist ein beliebtes Glücksspiel. Auf jedem Los ist eine siebenstellige Zahl aufgedruckt, mit der man am Gewinnspiel teilnimmt. Jede Stelle dieser Zahl besteht aus einer der Ziffern von 0 bis 9.

a) Wie groß ist die Wahrscheinlichkeit, beim „Spiel 77" die letzte/die letzten beiden Zahlen richtig zu tippen?

b) Berechne, wenn möglich ohne Baum, die Wahrscheinlichkeit dafür, die ganze Zahl richtig getippt zu haben.

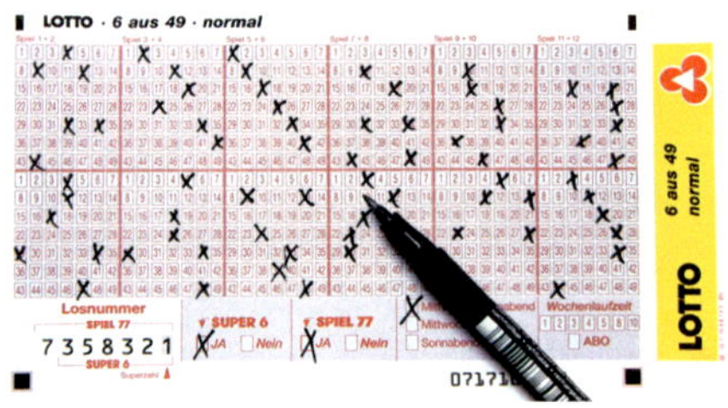

3

In einer Bonbondose befinden sich 14 gelbe, 12 orangefarbene und 24 blaue Bonbons. Nick nimmt nacheinander drei Bonbons. Berechne die Wahrscheinlichkeiten für die folgenden Ergebnisse:

A: Er hat drei verschiedene Bonbons

B: Er hat drei gleichfarbige Bonbons

C: Er hat mindestens ein blaues Bonbon

D: Er hat höchstens zwei gelbe Bonbons

4

Ist es wahrscheinlicher, in 4 Würfen mindestens einmal die „6" zu würfeln, oder dass in 24 Würfen mit zwei Würfeln beide Würfel mindestens einmal gleichzeitig die „6" zeigen?

1

Die Seiten eines Lego-Sechsers wurden wie bei einem Würfel nummeriert, d.h. die Augensumme gegenüber liegender Seiten beträgt immer 7. Der Lego-Stein wurde 500-mal geworfen.

In der Tabelle siehst du, wie häufig jedes Ergebnis aufgetaucht ist.

Augenzahl	1	2	3	4	5	6
Anzahl	248	4	44	46	5	153

a) Berechne die relativen Häufigkeiten.
b) Ermittle aus den relativen Häufigkeiten einen Schätzwert für die Wahrscheinlichkeiten.

Punkte: max. 34

2

Aus welchem Topf würdest du Lose ziehen? Die Gewinne sind blau. Begründe.

A
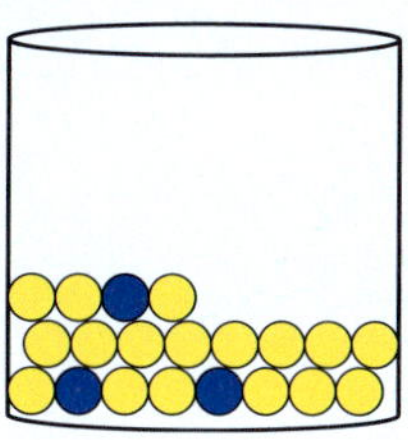

B
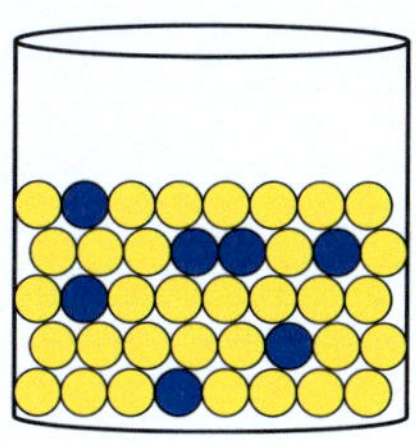

C
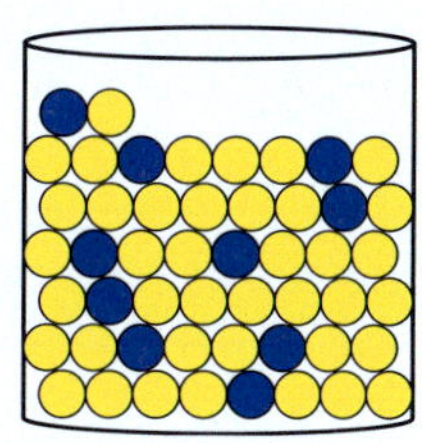

Punkte: max. 4

3

In einem Skatspiel fehlen die Herz-Dame und beide schwarzen Asse. Tim zieht eine Karte. Wie groß ist die Wahrscheinlichkeit für die folgenden Ereignisse:

A: eine rote Karte
B: ein Ass
C: ein Ass oder eine 10
D: ein Bild

Punkte: max. 4

4

Bei einem Glücksrad bleiben die drei Räder zufällig stehen. Erscheint in der Anzeige dreimal ☺, erhält man einen Hauptgewinn, bei zweimal ☺ erhält man noch einen Kleinpreis und bei einmal ☺ ein Freispiel.

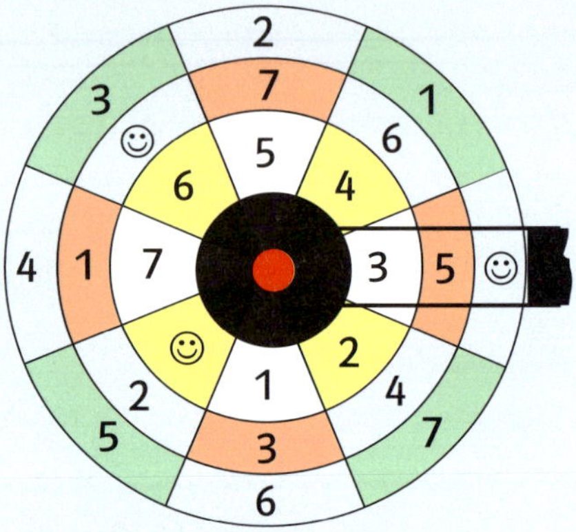

a) Zeichne ein vereinfachtes Baumdiagramm.

b) Berechne die Wahrscheinlichkeit für die folgenden Ereignisse:
A: Hauptgewinn B: Kleingewinn C: Freispiel

c) Ist das Spiel fair? Begründe deine Entscheidung.

Punkte: max.4

5

Ein Würfel wird zweimal geworfen. Nach jedem Wurf wird die Augenzahl festgehalten. Bestimme die Wahrscheinlichkeiten für die folgenden Ereignisse:

A: Zwei gleiche Augenzahlen
B: Ein- oder zweimal eine 5
C: Die Augensumme ist 3 oder größer
D: Die erste Augenzahl ist größer als die zweite

Punkte: max.4

6

In der Tabelle siehst du die Verteilung der Blutgruppen in Europa. Bestimme die Wahrscheinlichkeiten für die folgenden Ereignisse:

0	A	B	AB
37%	42,5%	14%	6,5%

A: Von 4 Personen haben alle eine unterschiedliche Blutgruppe
B: Von 3 Personen haben genau zwei die Blutgruppe 0
C: Von 5 Personen hat mindestens eine Person die Blutgruppe B
D: Von 5 Personen haben höchstens vier die Blutgruppe A

Punkte: max.4

Gesamtpunkte: max.24

Aufgaben Nummer	erreichte Punktzahl von (...)	Lernerfolg	Lerneinheit abhaken ✓
1	____ (4)	Wenn du diese Aufgabe richtig gelöst hast, ist das ein Zeichen dafür, dass du den Umgang mit relativen Häufigkeiten und Wahrscheinlichkeiten beherrschst.	2.2
2 3	____ (4) ____ (4)	Bei diesen Aufgaben konntest du zeigen, ob du mit dem Berechnen von Wahrscheinlichkeiten gut zu Recht kommst.	2.1 2.3
4	____ (4)	Hast du das Baumdiagramm richtig gezeichnet und alle Wahrscheinlichkeiten richtig bestimmt, kannst du gleich drei Kapitel abhaken.	2.5 2.6 2.7
5 6	____ (4) ____ (4)	Hier wurde nochmals deine Fähigkeit, verschiedene Wahrscheinlichkeiten auszurechnen, geprüft. Bist du auch mit diesen Aufgaben gut zu Recht gekommen, kannst du beruhigt das letzte Kapitel abhaken.	2.8

19 – 24 Punkte	13 – 18 Punkte	7 – 12 Punkte	0 – 6 Punkte
Prima, du hast dieses Kapitel gut verstanden! Nun kannst du das nächste Kapitel üben.	Das klappt ja schon recht ordentlich! Du kannst vieles recht gut, aber es könnte auch besser sein. Wiederhole die Abschnitte noch einmal, die in deiner Checkliste nicht abgehakt sind.	Einiges hast du schon ganz gut gelöst, insgesamt sind deine Lücken aber noch zu groß. Wiederhole die Abschnitte noch einmal, die in deiner Checkliste nicht abgehakt sind.	Es gibt bei dir noch sehr viele Unsicherheiten. Du musst noch mehr üben! Wiederhole die Abschnitte noch einmal, die in deiner Checkliste nicht abgehakt sind.

3 Zuordnungen und Funktionen

3.1 Zuordnungen

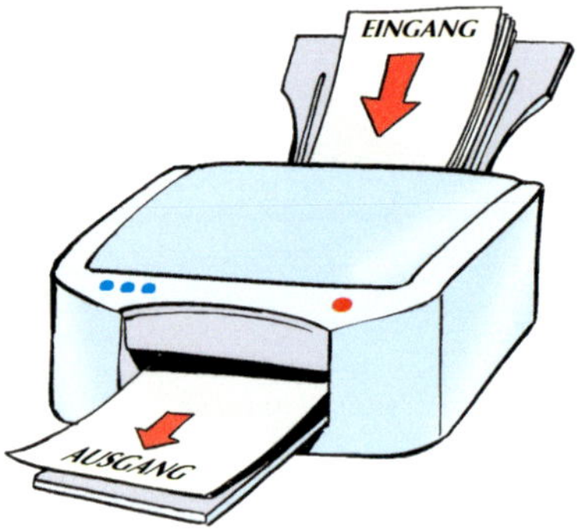

Im letzten Schuljahr hast du schon Zuordnungen kennen gelernt. In diesem Schuljahr wirst du verschiedene Darstellungsformen und spezielle Zuordnungen genauer betrachten und lernen, wie du mit ihnen Anwendungsaufgaben lösen kannst. Eine Zuordnung kannst du dir auch als Maschine vorstellen, die zu jeder Eingangsgröße eine Ausgangsgröße berechnet.

Was sind Zuordnungen?

Zuordnungen drücken Zusammenhänge zwischen Größen aus. Dabei hängt die Ausgangsgröße von einer Eingangsgröße ab.

Beispiel:
Muss ein Autofahrer plötzlich bremsen, vergeht eine kurze Zeit, die so genannte Reaktionszeit, bis der Fahrer auf das Bremspedal tritt. Der Reaktionsweg ist derjenige Weg, den das Auto während der Reaktionszeit ungebremst zurücklegt.

Dabei ist der Reaktionsweg r die Ausgangsgröße, die von der Eingangsgröße, der Geschwindigkeit v, abhängt. Für diese Zuordnung schreibt man *Geschwindigkeit → Reaktionsweg*
und spricht *„der Geschwindigkeit wird der Reaktionsweg zugeordnet"*.

Wie können Zuordnungen dargestellt werden?

Zuordnungen können auf verschiedene Arten beschrieben werden, durch einen Text, mit einer Rechenvorschrift, durch eine Wertetabelle oder durch ein Schaubild:

Text

Den Reaktionsweg r in m eines Autos kann man berechnen, indem man die Geschwindigkeit v in km/h durch 5 teilt.

Rechenvorschrift

Du kannst die Rechenvorschrift auf verschiedene Arten ausdrücken, durch

a) eine Zuordnungsvorschrift oder
b) eine Funktionsgleichung oder
c) einen Funktionsterm.

a) $v \rightarrow \frac{1}{5}v$

b) $r(v) = \frac{1}{5}v$

c) $\frac{1}{5}v$

Erinnere dich: Eine Division durch 5 entspricht der Multiplikation mit dem Bruch $\frac{1}{5}$.

r (v) (gesprochen „r von v") bedeutet, dass der Reaktionsweg r von der Geschwindigkeit v abhängt. Die Eingangsgröße steht dabei immer in der Klammer.

Wertetabelle

Eine Wertetabelle kannst du entweder mit zwei Spalten oder zwei Zeilen schreiben.

Geschwindigkeit v in km/h	Reaktionsweg r in m
10	2
20	4
30	6
50	10
80	16
100	20
120	24

Schaubild

Das Schaubild einer Zuordnung in einem Koordinatensystem wird auch als **Graph** bezeichnet. Dabei steht die Eingangsgröße an der Rechts- oder x-Achse, die Ausgangsgröße an der Hoch- oder y-Achse.

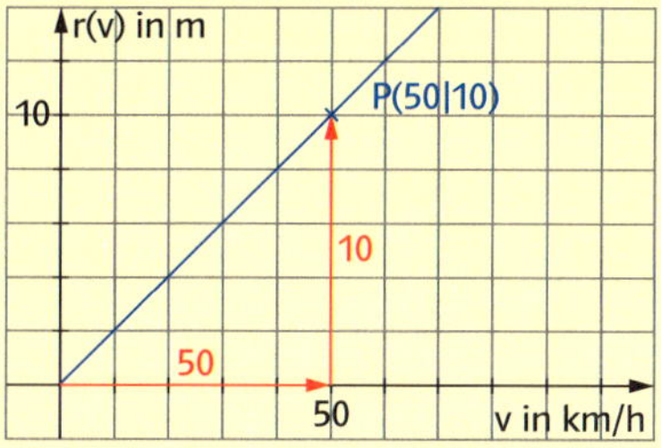

Jeder Punkt des Schaubilds gibt dir eine Information, die aus zwei Werten besteht, der Eingangs- und der Ausgangsgröße.

P (50 | 10) bedeutet hier, dass bei einer Geschwindigkeit von 50 km/h der Reaktionsweg 10m beträgt.

1

Die abgebildeten Gefäße werden gleichmäßig mit Wasser gefüllt. Die Graphen veranschaulichen die Zuordnung Zeit → Wasserstand.

a) 

b) 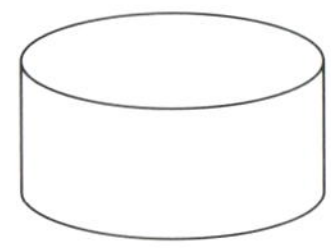

c) 

d) 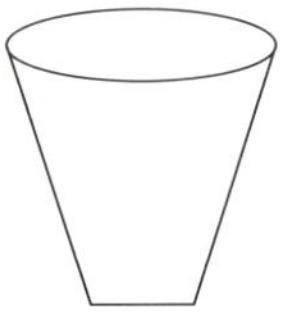

(1) 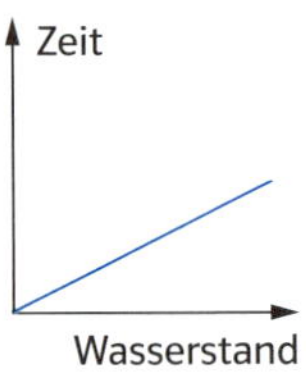

(2) 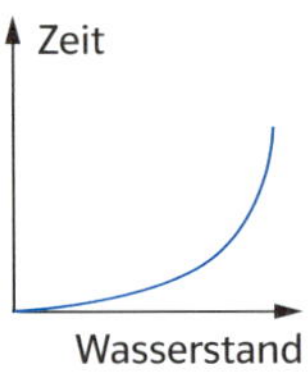

(3) 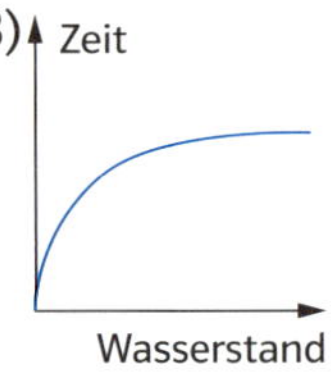

(4) 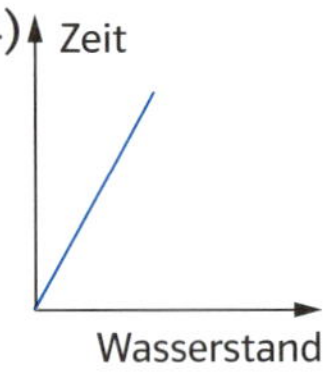

Ordne die Gefäße den passenden Graphen zu.

2

Der Schweizer Franken ist die Währung in der Schweiz und im Fürstentum Liechtenstein. Für 100 € erhält man ungefähr 150 sfr.

a) Fülle die fehlenden Felder in der Umrechnungstabelle aus.

b) Zeichne ein Schaubild für die Zuordnung € → sfr. Wähle als Längeneinheit 1 cm für 10 €.

c) Finde eine Zuordnungsvorschrift für die Zuordnung € → sfr.

€	sfr
1	
5	
10	
20	
50	
80	
100	150
150	
200	

3

In dem Schaubild ist der Fahrplan für einen Zug grafisch dargestellt.

a) Welche Informationen kannst du dem Fahrplan entnehmen?

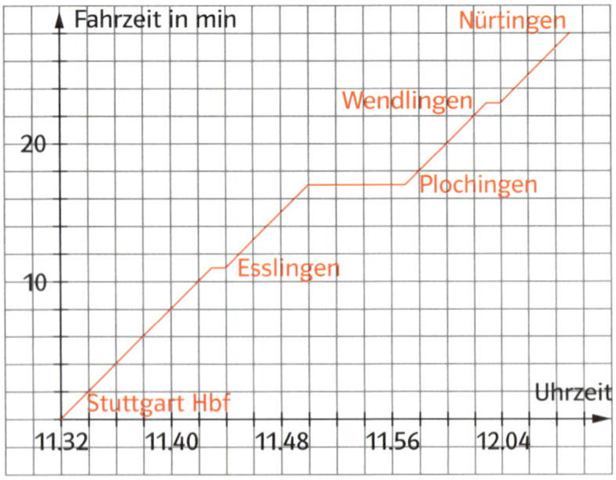

b) Erstelle einen grafischen Fahrplan für die Fahrt von Filderstadt nach Stuttgart-Möhringen.

Filderstadt		11:04
Flughafen	11:07	11:09
Vaihingen	11:20	11:25
SSB-Zentrum	11:27	11:28
Möhringen	11:31	

4

Die beiden Graphen veranschaulichen die Zuordnungen
Temperatur → Höhe der Atmosphäre und Temperatur → Seetiefe.

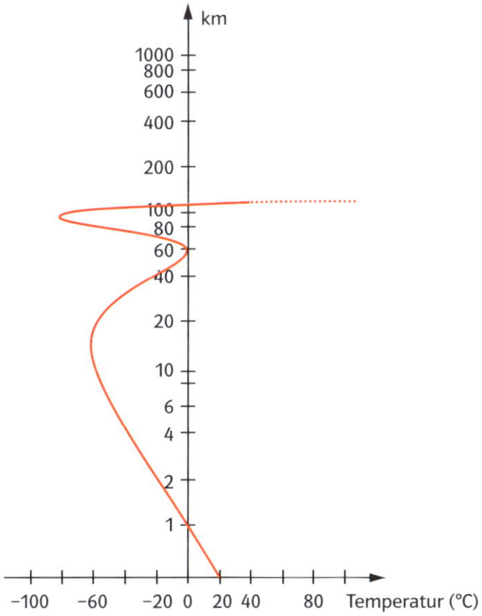

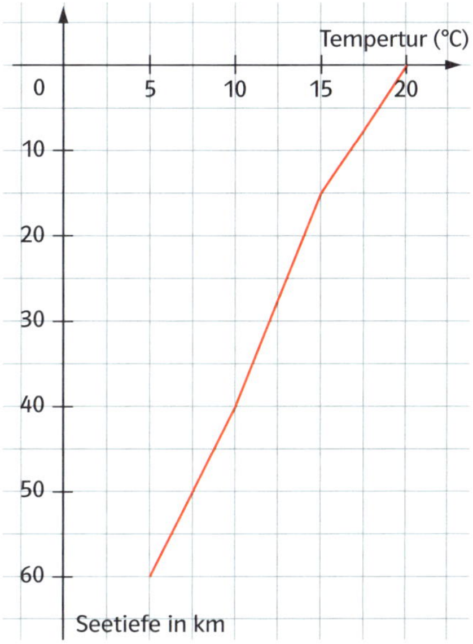

a) Entnimm aus dem jeweiligen Schaubild, wie sich die Temperatur verhält.

b) Fülle die fehlenden Felder in der Tabelle aus.

(1) Temperatur → Höhe

Temperatur in °C	−60°	−20°	0°	20°
Höhe				

(2) Temperatur → Seetiefe.

Temperatur in °C	5°	10°	15°	20°
Seetiefe				

3.2 Funktionen als eindeutige Zuordnungen

Es gibt verschiedenartige Zuordnungen. Die Zuordnung Temperatur → Höhe in der Atmosphäre (Aufgabe 4 im letzten Kapitel) ist nicht eindeutig, da einem Temperaturwert mehrere Höhen zugeordnet sind. Die Zuordnung Temperatur → Seetiefe ist dagegen eindeutig, da jedem Temperaturwert nur eine Seetiefe zugeordnet ist. Von jetzt ab geht es nur noch um die eindeutigen Zuordnungen, die Funktionen.

Was sind Funktionen?

Eine Zuordnung, die jeder Eingangsgröße **genau eine** Ausgangsgröße zuordnet, heißt **Funktion**.
Meist wird die Eingangsgröße als x-Wert oder Argument und die zugeordnete Ausgangsgröße als y-Wert oder Funktionswert bezeichnet. Alle möglichen x-Werte bilden die Definitionsmenge.

Funktionen werden mit kleinen Buchstaben, meist mit f, g oder h bezeichnet.
Da die Funktionen spezielle Zuordnungen sind, kannst du jede Funktion mit Worten, einer Rechenvorschrift, durch eine Wertetabelle oder durch ein Schaubild beschreiben.

Beispiel:
Zuordnung: Geschwindigkeit → Bremsweg

Text: Den Bremsweg b eines Autos in m kann man berechnen, indem man die Geschwindigkeit v in km/h mit sich selbst multipliziert und dann durch 100 dividiert.

Rechenvorschrift:
a) Zuordnungsvorschrift:
$b: v \rightarrow \frac{v^2}{100}$
b) Funktionsgleichung:
$b(v) = \frac{v^2}{100}$

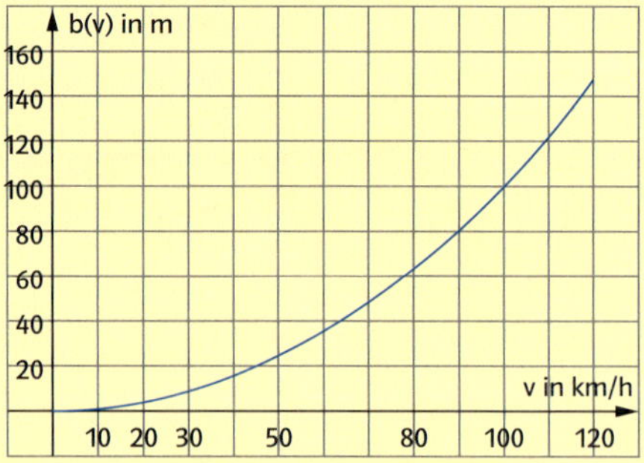

Wertetabelle:

v in km/h	10	20	30	50	80	100	120
b (v) in m	1	4	9	25	64	100	144

1

Welcher Graph gehört zu einer Funktion? Begründe.

a) 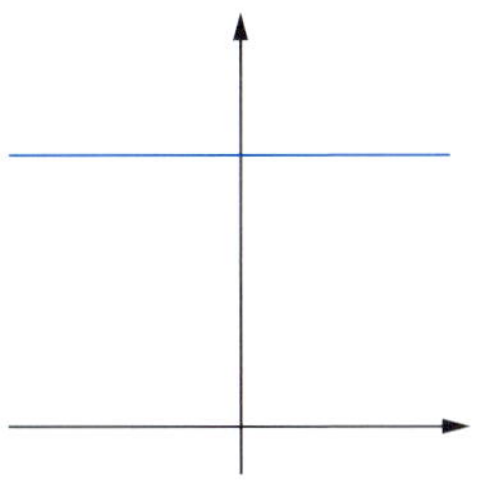

b) 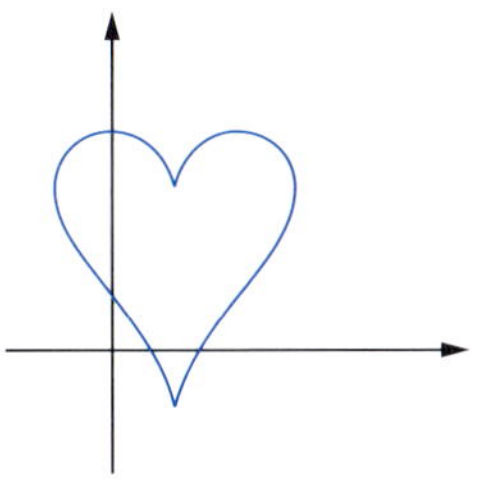

c) 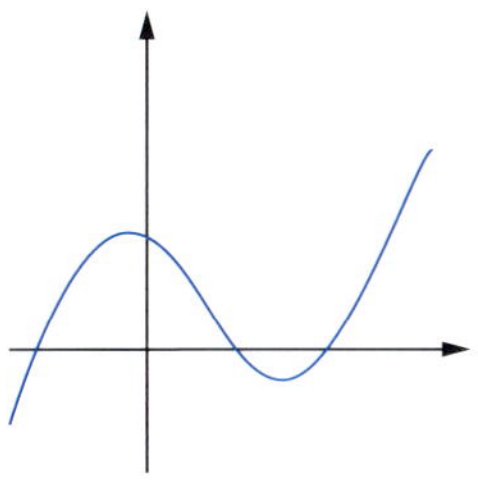

2

Welche Zuordnungen sind Funktionen? Begründe.

a) Seitenlänge eines Quadrates → Umfang eines Quadrats
b) Umfang eines Quadrats → Seitenlänge eines Quadrates
c) Körpergröße → Schuhgröße
d) Zahl → Hälfte der Zahl

3

Zeichne drei Graphen von Funktionen und drei Graphen von Zuordnungen, die keine Funktionen sind.

4

Welche Funktionsgleichung, welche Tabelle und welcher Graph passen zusammen?

a)

x	y
0	–
1	1
2	0,5
3	$\frac{1}{3}$

b)

x	y
0	1
1	2
2	4
3	6

c)

x	y
0	1
1	2
2	3
3	4

(1) $y = x + 1$
(2) $y = 2x$
(3) $y = \frac{1}{x}$

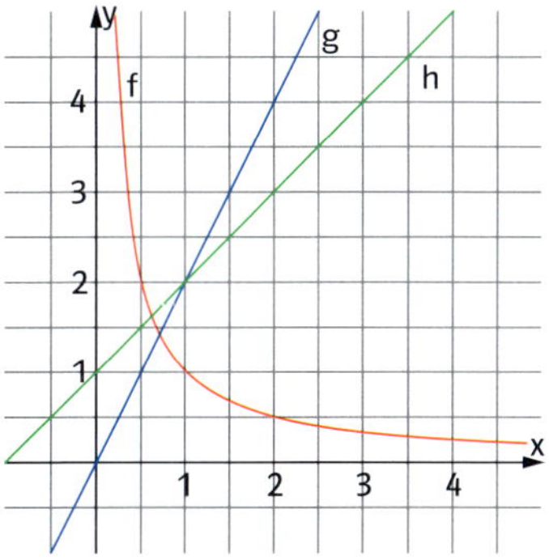

3.3 Proportionale Zuordnungen

In Klasse 6 hast du bereits zueinander proportionale Größen kennen gelernt und mithilfe des Dreisatzes berechnet. Solche proportionalen Zuordnungen kommen im Alltag recht häufig vor. Ihre Schaubilder sind mit etwas Übung leicht zu zeichnen und du kannst ihre Zuordnungsvorschriften mit System recht gut finden.

So kannst du proportionale Zuordnungen beschreiben

Zwei Größen sind zueinander **proportional**, wenn gilt:

1. Nimmt die erste Größe zu, dann nimmt auch die zugeordnete Größe zu, kurz wenn gilt: je mehr desto mehr.
2. Zum Doppelten, Dreifachen, Vierfachen, … der ersten Größe gehört das Doppelte, Dreifache, Vierfache, … der zugeordneten Größe.

Merke: *Der Faktor m heißt Proportionalitätsfaktor. Er wird berechnet mit* $m = \frac{y}{x}$.

Eine proportionale Zuordnung kann durch die Zuordnungsvorschrift **f:** $\mathbf{x \rightarrow m \cdot x}$ oder die Funktionsgleichung $\mathbf{f(x) = m \cdot x}$ beschrieben werden. Alle Wertepaare (x | y) bzw. (x | f (x)) liegen auf einer **Ursprungsgeraden.**

Beispiel: Zuordnung: Menge (in kg) → Preis (in €)

Text: 1 kg Äpfel kostet 1,98 €. Kauft man die halbe, doppelte (dreifache, vierfache, …) Menge, so halbiert, verdoppelt (verdreifacht, vervierfacht, …) sich der Preis.

Rechnungsvorschrift

a) Zuordnungsvorschrift:
f: $x \rightarrow 1{,}98\ € \cdot x$

b) Funktionsgleichung:
$f(x) = 1{,}98\ € \cdot x$

Wertetabelle

Menge (in kg)	Preis (in €)
1	1,98
0,5	0,99
2	3,96
3	5,94
4	7,92

Graph

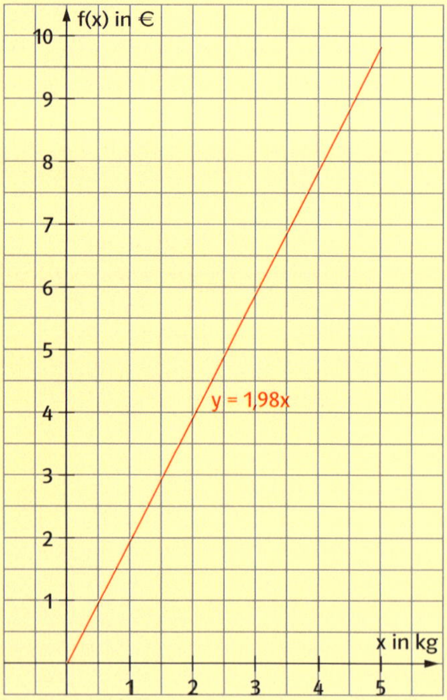

1

Welche der Zuordnungen sind proportional? Begründe.

a) Seitenlänge eines Quadrats → Umfang des Quadrats
b) Seitenlänge eines Quadrats → Flächeninhalt des Quadrats
c) Gewicht eines Menschen → Körpergröße
d) Gewicht der Äpfel (in kg) → Preis

2

Ergänze die Tabellen so, dass die Zuordnungen proportional sind und schreibe die zugehörige Funktionsgleichung auf.

Tipp:
Berechne zuerst den Funktionswert für 1. Berechne danach die fehlenden Funktionswerte durch vervielfachen oder teilen.

a)

x	0	1	2	3	4		
f(x)			5			17,5	1

b)

x	0	1	2	3	4		
f(x)				6,3		12,6	3,15

c)

x	0	1	2	3	4		
f(x)					1,6	3,6	1

3

Welche der Zuordnungen sind proportional? Begründe.

a)

x	1	2	3
f (x)	8	4	2

b)

x	1	2	3
f (x)	1	4	9

c)

x	2	3	5
f (x)	7	10,5	17,5

d)

x	2	3	4
f (x)	2,8	4,2	5,6

4

Welche Funktionsgleichungen beschreiben eine proportionale Zuordnung?

a) $f(x) = \frac{3 \cdot x}{2}$
b) $g(t) = 5t^2$
c) $f(x) = \frac{2}{x}$
d) $a(t) = 2$
e) $f(x) = 2x + 1$
f) $f(x) = \frac{2}{5}x$

3.4 Zeichnen von Graphen proportionaler Zuordnungen

So kannst du Graphen proportionaler Zuordnungen zeichnen

Der Proportionalitätsfaktor m wird auch ***Steigung der Geraden*** *genannt.*

Ist der Proportionalitätsfaktor m gegeben?

nein → Berechne m mit der Formel $m = \frac{y}{x}$. Dabei kann (x | y) irgendein zusammengehöriges Wertepaar sein. → weiter mit: Ist m > 0?

ja ↓

Ist m > 0?

nein → Das Schaubild fällt. Gehe vom Ursprung (0 | 0) aus einen Schritt (x Schritte) nach rechts und m Schritte (y Schritte) nach unten und markiere den Punkt. Zeichne nun eine Gerade durch den Ursprung und den Punkt.

ja ↓

Das Schaubild steigt. Gehe vom Ursprung (0| 0) aus einen Schritt (x Schritte) nach rechts und m Schritte (y Schritte) nach oben und markiere den Punkt. (Diesen Weg nennt man auch **Steigungsdreieck.**) Zeichne nun eine Gerade durch den Ursprung und den Punkt.

Beispiel:

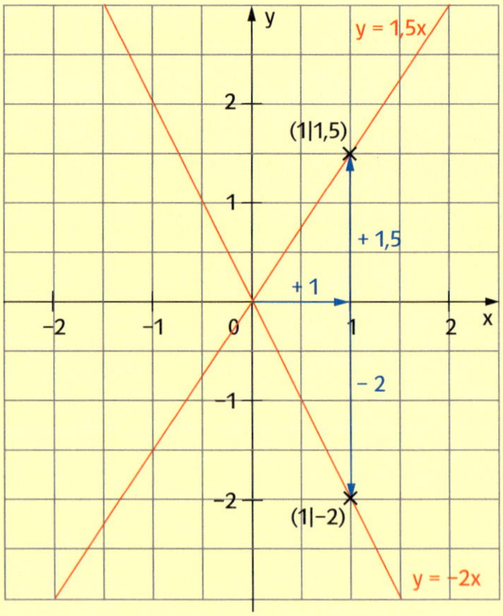

1

Zeichne die Graphen der proportionalen Zuordnungen mit den Gleichungen

a) $y = 2x$ b) $y = x$ c) $y = 2{,}5x$

d) $y = -1{,}5x$ e) $y = -\frac{1}{2}x$ f) $y = -3x$

2

Zeichne die Graphen der proportionalen Zuordnungen. Überlege dir dabei, wie viele Schritte du nach rechts gehen musst, damit du die Gerade möglichst genau zeichnen kannst.

Tipp: Wandle m in einen Bruch um. Dann musst du nur so viele Schritte wie im Nenner nach rechts und so viele Schritte wie im Zähler nach unten oder oben gehen.

Beispiel: $y = 0{,}4x$

$m = 0{,}4 = \frac{4}{10} = \frac{2}{5}$, also gehe 5 Schritte nach rechts und 2 Schritte nach oben.

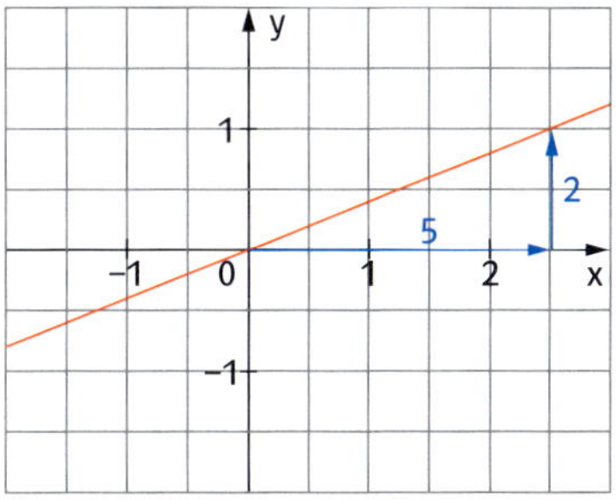

a) $y = \frac{2}{3}x$ b) $y = \frac{5}{4}x$

c) $y = 1{,}2x$ d) $y = -0{,}3x$

3

Der Graph einer proportionalen Zuordnung geht durch den jeweiligen Punkt P. Zeichne den Graphen der proportionalen Zuordnung und gib die zugehörige Funktionsgleichung an.

a) P(2 | 6) b) P(3 | 1,5) c) P(0,5 | 0,75) d) P(4 | 3)

4

Gib die Funktionsgleichungen zu den jeweiligen Schaubildern an. Suche dabei möglichst geschickt Punkte, um m zu bestimmen.

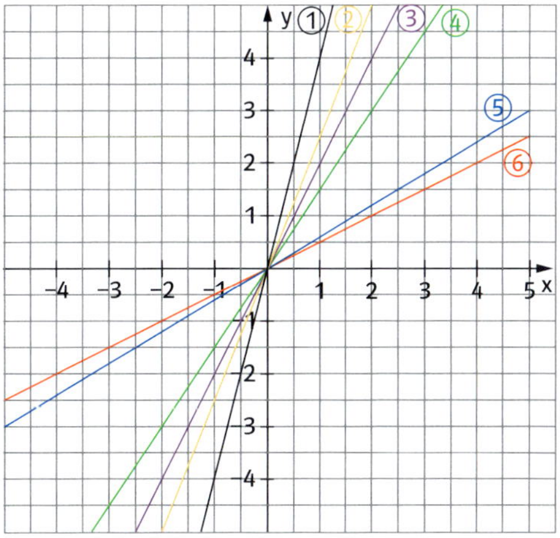

3.5 Antiproportionale Zuordnungen

Neben den proportionalen Zuordnungen gibt es auch antiproportionale Zuordnungen. Solche Zuordnungen kennst du von dem Dreisatz „Je mehr desto weniger“. Mit diesen Zuordnungen kann man zwar leicht rechnen, die Schaubilder sind aber nicht so einfach.

Wie sieht das Schaubild einer antiproportionalen Zuordnung aus?

Beispiel: Bei einer Lochkamera ist die Bildgröße abhängig von der Entfernung des Gegenstandes.

Tabelle

Entfernung in m	Bildgröße in cm
1	5
2	2,5
4	1,25
8	0,625

Zuordnungsvorschrift: $x \rightarrow \frac{5}{x}$

Schaubild

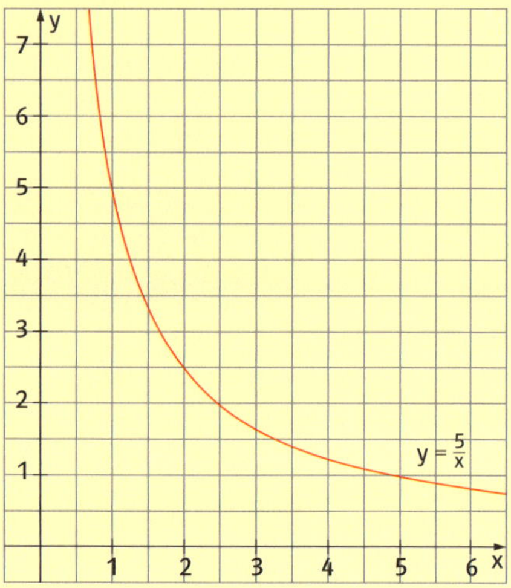

1

Für eine Strecke von 120 km benötigt man mit einer Durchschnittsgeschwindigkeit von 10 km/h 12 h, fährt man durchschnittlich 60 km/h, benötigt man nur noch 2 h. Fülle die Tabelle aus, finde eine Zuordnungsvorschrift und zeichne das Schaubild.

Geschwindigkeit	10 km/h	20 km/h	30 km/h	50 km/h	100 km/h
Zeit	12 h				

2

Sind die Zuordnungen antiproportional oder proportional?

a)

x	1	2	3	4
y	6	3	2	1,5

b)

x	1	2	3	4
y	2	4	6	8

c)

x	1	2	3	4
y	4,8	2,4	1,6	1,2

d)

x	1	2	3	4
y	1	8	27	64

3

Familie Fit hat sich eine Wandertour ausgesucht und berechnet, dass sie nach 6 Tagen am Ziel sind, wenn sie 25 km täglich wandern.

a) Wie lange brauchen sie, wenn sie jeden Tag 30 km wandern?
b) Wann wären sie am Ziel, wenn sie nur 30 km täglich laufen?
c) Wie viele km müssen sie täglich wandern, wenn sie schon nach 4 Tagen am Ziel sein wollen?
d) Zeichne das Schaubild der Zuordnung *Anzahl der Tage → km pro Tag*.
e) Gib eine Zuordnungsvorschrift an.

4

Von drei antiproportionalen Zuordnungen ist jeweils nur ein Wertepaar bekannt.

(1) (3 | 9)   (2) (6 | 15)   (3) (12 | 5)

a) Ergänze für jede der Zuordnungen die folgende Tabelle.

x	1	2	5	10	20
y					

b) Gib jeweils eine Zuordnungsvorschrift an.

3.6 Lineare Funktionen

Lineare Funktionen gelten als die einfachsten Funktionen in der Mathematik. Einen Spezialfall der linearen Funktionen, die proportionalen Zuordnungen, hast du bereits kennengelernt. Auch im Alltag sind dir lineare Funktionen bestimmt schon begegnet, z. B. bei einer Telefonrechnung mit Grundgebühr.

Was sind lineare Funktionen?

Merke: *Oft wird der Malpunkt zwischen $m \cdot x$ weggelassen und man schreibt einfach mx.*

Das Schaubild einer linearen Funktion ist immer eine **Gerade**. Im kartesischen Koordinatensystem hat der Graph einer linearen Funktion die Gleichung $y = m \cdot x + c$. Dabei gibt der Faktor **m** vor dem x die **Steigung** an. Der Summand **c** wird **y-Achsenabschnitt** genannt, da an der Stelle $y = c$ die Gerade die y-Achse schneidet.
Manchmal findest du auch andere Bezeichnungen wie $y = m \cdot x + b$, $y = m \cdot x + n$ oder auch $y = a \cdot x + b$.

So kannst du eine lineare Funktion zeichnen

Denke dran: *$m = \frac{y}{x}$, also gehe x Schritte nach rechts und y Schritte nach oben (für $m > 0$) oder unten (für $m < 0$).*

Beispiel: $y = 1{,}5x - 1 = \frac{3}{2} \cdot x - 1 \Rightarrow m = \frac{3}{2},\ c = -1$

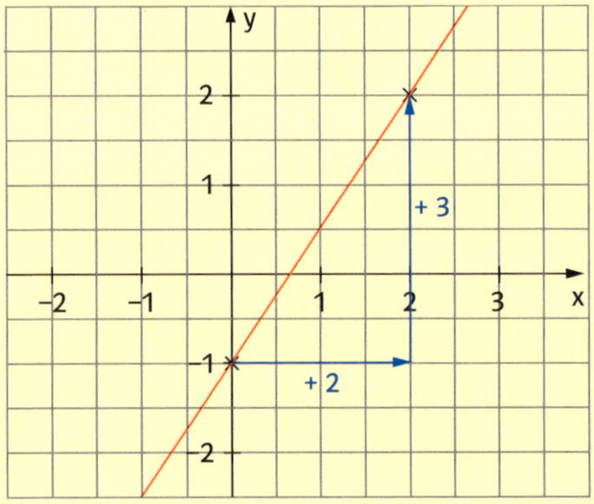

1. Bestimme die Steigung m und den y-Achsenabschnitt c.
2. Markiere den Schnittpunkt mit der y-Achse, also P(0 | c).
3. Markiere einen weiteren Punkt, indem du entweder einen weiteren Punkt berechnest, z. B.
   $f(1) = 1{,}5 \cdot 1 - 1 = 1{,}5 - 1 = 0{,}5$
   oder
   die Steigung m ausgehend von P(0 | c) wie bei den proportionalen Zuordnungen einzeichnest.
4. Zeichne eine Gerade durch beide Punkte.

Beachte: Der Graph einer linearen Funktion kann parallel zur x-Achse verlaufen. Dann hat die Gerade keine Steigung, also ist $m = 0$ und es gilt: $y = c$.
Der Graph einer linearen Funktion kann aber niemals parallel zur y-Achse verlaufen, da sonst einem x-Wert unendlich viele y-Werte zugeordnet wären und das widerspricht der Definition einer Funktion.

1

Zeichne die Graphen zu den linearen Funktionen mit $f(x) = m \cdot x + c$ und schreibe die zugehörige Funktionsgleichung auf.

a) $m = 1$; $c = -3$ b) $m = -2$; $c = 1$ c) $m = 2$; $c = -1{,}5$

d) $m = 0{,}5$; $c = -2$ e) $m = \frac{4}{3}$; $c = -3$ f) $m = -\frac{5}{6}$; $c = 2$

2

Zeichne die Graphen der linearen Funktionen, die durch die folgenden Funktionsgleichungen gegeben sind. Zeichne jeweils 3 in ein Koordinatensystem.

a) $y = x$ b) $y = 2x + 1$ c) $y = -x + 1$

d) $y = 2$ e) $y = 0{,}4x - 1$ f) $y = \frac{5}{2} - \frac{4}{3}x$

g) $y = \frac{2}{3}x - 1{,}5$ h) $y = 2{,}2x - 3{,}5$ i) $y = -\frac{4}{7}x$

3

Zeichne die Graphen der linearen Funktionen, die durch die Wertetabellen beschrieben werden und finde eine Funktionsgleichung der Form $y = m \cdot x + c$.

Tipp: *Betrachte die y-Werte!*

a)

x	y
−1	−2
0	1
1	4
2	7

b)

x	y
−2	3
−1	0,5
0	−2
1	−4,5

c)

x	y
−0,5	0
0,5	2
1,5	4
2	5

3.7 Bestimmen der Funktionsgleichung

In vielen Aufgaben musst du die Funktionsgleichung linearer Funktionen bestimmen. Diese Aufgaben lassen sich in der Regel in drei Typen unterteilen.

So kannst du die Funktionsgleichung y = mx + c von Graphen linearer Funktionen bestimmen

1. Der Graph ist gegeben

1. Markiere den Schnittpunkt der Geraden mit der y-Achse. Der y-Wert entspricht c.
2. Suche einen Punkt der Geraden, der auf einem Gitterpunkt liegt und zeichne ein Steigungsdreieck ein.
3. Zähle oder miss die Seitenlängen dieses Dreiecks und berechne m mit der Formel $m = \frac{\text{senkrechter Wert}}{\text{waagerechter Wert}}$.

Ergebnis: $y = \frac{3}{5}x + 1$

Beispiel:

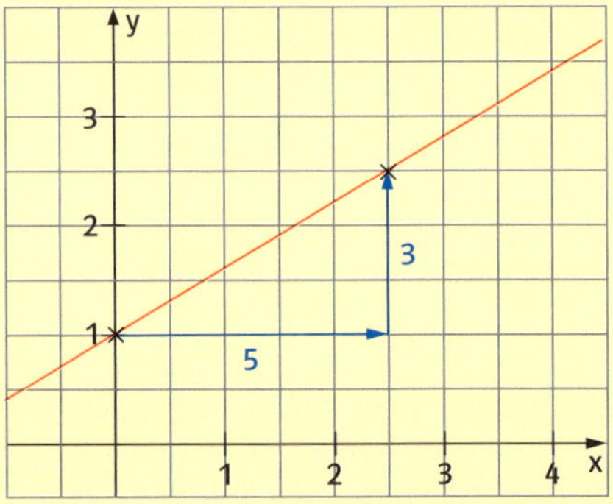

2. Die Steigung m und ein Punkt P sind gegeben

Beispiel: $m = -\frac{1}{4}$; P(2 | 0,5)

1. Setze m und P in die Gleichung $y = m \cdot x + c$ ein und berechne c.

$0{,}5 = -\frac{1}{4} \cdot 2 + c$

$0{,}5 + \frac{1}{2} = +c$, also $c = 1$

2. Setze m und c in die allgemeine Gleichung ein.

Damit lautet die gesuchte Gleichung $y = -\frac{1}{4} \cdot x + 1$.

3. Zwei Punkte sind gegeben

Beispiel: $P(2\,|\,3)$, $Q(-1\,|\,-2)$

0. Erstelle eine Skizze und zeichne das Steigungsdreieck von $P(x_1\,|\,y_1)$ zu $Q(x_2\,|\,y_2)$ ein.

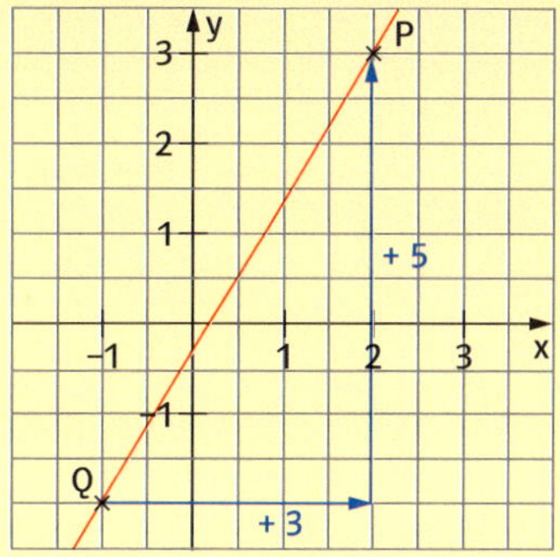

Du kannst entweder cm ablesen oder Kästchen zählen; $m = \frac{10}{6} = \frac{5}{3}$.

1. Berechne m mit der Formel $m = \frac{y_2 - y_1}{x_2 - x_1}$.

$m = \frac{-2-3}{-1-2} = \frac{-5}{-3} = \frac{5}{3}$

2. Setze m und einen Punkt in die allgemeine Funktionsgleichung ein und berechne c auf.

P in $y = m \cdot x + c$ eingesetzt:

$3 = \frac{5}{3} \cdot 2 + c$ also

$c = 3 - \frac{10}{3} = -\frac{1}{3}$

3. Setze m und c in die allgemeine Gleichung ein.

Damit ist $y = \frac{5}{3}x - \frac{1}{3}$

1

Bestimme für jede Gerade die zugehörige Funktionsgleichung. Nutze dabei markante Punkte.

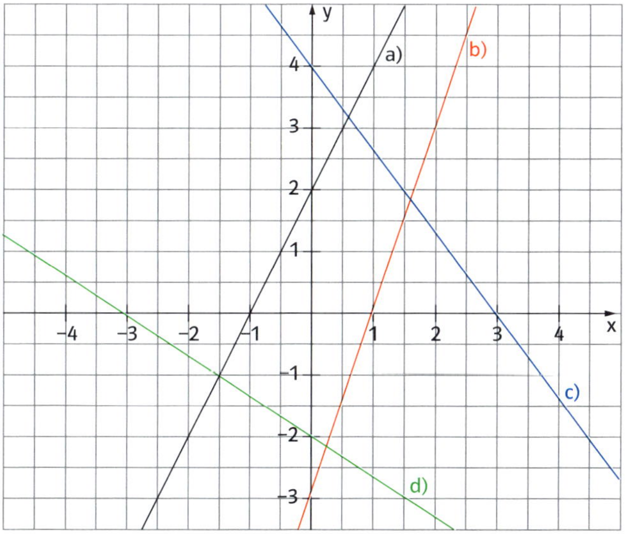

2

Von einer linearen Funktion mit $y = m \cdot x + c$ sind die Steigung m und ein Punkt P gegeben. Zeichne die zugehörige Gerade in ein Koordinatensystem ein und bestimme die zugehörige Funktionsgleichung.

a) $m = 3$; $P(-2\,|\,-1)$
b) $m = -2$; $P(3\,|\,1)$
c) $m = \frac{2}{5}$; $P(-1\,|\,2)$
d) $m = -\frac{4}{3}$; $P(2\,|\,-5)$

3

Die Gerade g geht durch die Punkte P und Q. Berechne jeweils die Steigung und den y-Achsenabschnitt und gib die zugehörige Funktionsgleichung an.

a) $P(1\,|\,2)$, $Q(2\,|\,4)$
b) $P(-2\,|\,5)$, $Q(3\,|\,-1)$
c) $P(-2\,|\,3)$, $Q(8\,|\,8)$
d) $P(3\,|\,1)$, $Q(7\,|\,-1)$

Beispiel zu a)

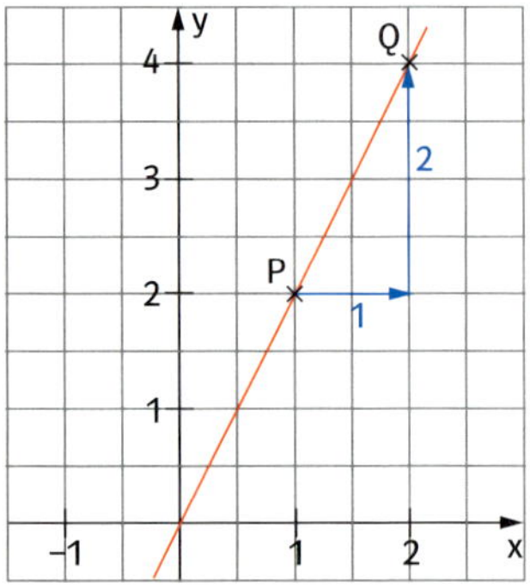

4

Eine lineare Funktion hat die Funktionsgleichung $f(x) = m \cdot x + 2$.
Berechne die Steigung m, damit der Graph durch den Punkt P geht.

a) $P(3\,|\,5)$
b) $P(-2\,|\,5)$
c) $P(6\,|\,-1)$
d) $P(-1\,|\,2)$

5

Eine lineare Funktion hat die Funktionsgleichung $y = \frac{1}{2}x + c$.
Berechne den y-Achsenabschnitt c, damit der Graph durch den Punkt P geht.

a) $P(3\,|\,5)$
b) $P(-2\,|\,5)$
c) $P(6\,|\,-1)$
d) $P(-1\,|\,2)$

3.8 Schnittpunkte von Geraden mit den Koordinatenachsen

So findest du den Schnittpunkt mit der y-Achse

Da für alle Punkte, die auf der y-Achse liegen, $\mathbf{x = 0}$ gilt, erhält man die Gleichung $y = m \cdot 0 + c$, also $y = c$. Der Schnittpunkt einer linearen Funktion mit der y-Achse hat also die Koordinaten $(0\,|\,c)$.

Beispiele:

a) Die Gerade $y = 1{,}5x - 2$ schneidet die y-Achse im Punkt $P(0\,|\,-2)$.
b) Die Gerade $y = 3{,}4$ schneidet die y-Achse im Punkt $P(0\,|\,3{,}4)$.

So berechnest du den Schnittpunkt mit der x-Achse

Für den Schnittpunkt mit der x-Achse gilt $\mathbf{y = 0}$. Er hat die Koordinaten $S(x\,|\,0)$ und wird als **Nullstelle** bezeichnet. Den x-Wert kannst du im Normalfall nicht exakt ablesen, du musst ihn berechnen.

Beispiel: $y = 1{,}5x - 2$

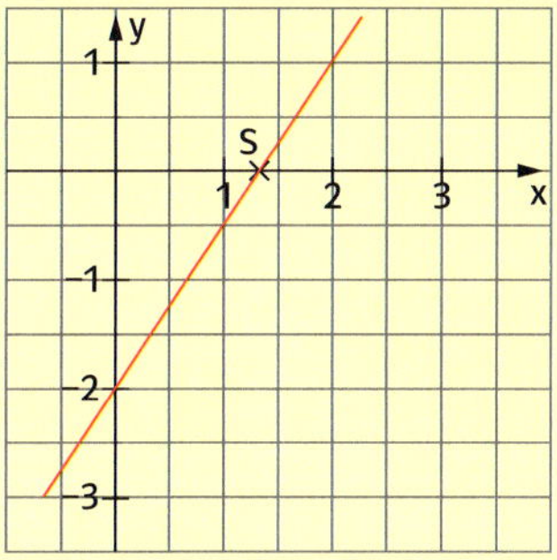

0. Fertige eine Skizze an.
1. Setze in der Gleichung $y = 0$.
2. Löse die Gleichung nach x auf, d.h. berechne die Nullstelle.

$$\begin{aligned} 1{,}5x - 2 &= 0 \quad &|+2 \\ 1{,}5x &= 2 \quad &|:1{,}5 \\ x &= 2:1{,}5 = \tfrac{4}{3} \end{aligned}$$

Der Schnittpunkt mit der x-Achse ist also $S\left(\frac{4}{3}\,\middle|\,0\right)$

1

In welchen Punkten schneiden die Geraden die Koordinatenachsen?

a) $y = 0{,}4x - 2$ b) $y = \frac{4}{9}x - 1{,}6$ c) $y = -3x + 7$ d) $y = -\frac{3}{4}x - 2$.

2

In welchen Punkten schneiden die Geraden durch P und Q die Achsen?

a) $P(0\,|\,4)$; $Q(-1\,|\,3)$ b) $P(3\,|\,2)$; $Q(-6\,|\,3)$
c) $P(1\,|\,3{,}5)$; $Q(-2\,|\,2)$ d) $P(-2\,|\,3)$; $Q(1\,|\,-3)$

3.9 Lagebeziehungen von Geraden

Nach der Lage von zwei Geraden zueinander wird in vielen Aufgaben gefragt. Insbesondere bei Anwendungsproblemen spielen Schnittpunkte oder Parallelität eine wichtige Rolle.

Diese Lage können zwei Geraden zueinander haben

Fall 1: Die Geraden schneiden sich in einem Punkt S

Den Schnittpunkt S kannst du entweder aus dem Schaubild ablesen oder berechnen, indem du die beiden zugehörigen Funktionsterme gleichsetzt.

Beispiel:

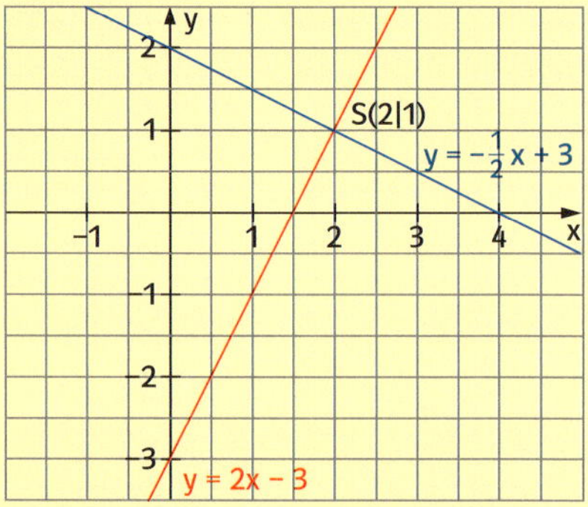

1. Funktionsterme gleichsetzen.
2. Durch Äquivalenzumformungen alle x auf eine Seite, alle Zahlen auf die andere bringen und zusammenfassen.
3. Gleichung nach x auflösen.
4. x-Wert in einen Funktionsterm einsetzen.

Berechnung des Schnittpunktes:

$2x - 3 = -\frac{1}{2}x + 2 \qquad | + \frac{1}{2}x + 3$

$2x + \frac{1}{2}x = 2 + 3$

$\frac{5}{2}x = 5$, also $x = \frac{5 \cdot 2}{5} = 2$

$y = 2 \cdot 2 - 3 = 1$,

also ist der Schnittpunkt S(2 | 1).

Fall 2: Die Geraden sind parallel

Zwei Geraden sind genau dann parallel, wenn sie die gleiche Steigung haben.
Haben zwei Geraden die gleiche Steigung und den gleichen y-Achsenabschnitt, dann sind die Geraden identisch, d.h. sie liegen aufeinander.

Beispiel:

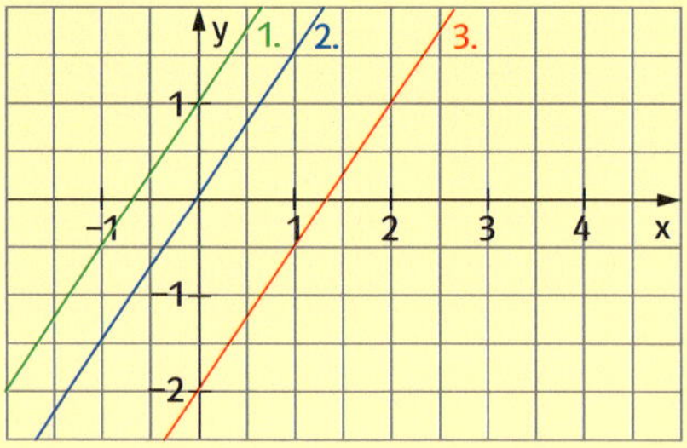

1. $y = \frac{3}{2}x + 1$ 2. $y = \frac{3}{2}x$ 3. $y = \frac{3}{2}x - 2$

1

Zeichne die Graphen der beiden Funktionen in dasselbe Koordinatensystem und bestimme ihren Schnittpunkt.

a) $f(x) = 2x + 3;\ g(x) = 0{,}5x$
b) $f(x) = -0{,}5x + 3;\ g(x) = 2x - 1$
c) $f(x) = -2x + 1;\ g(x) = -x + 2$
d) $f(x) = 0{,}5x + 2;\ g(x) = -0{,}5x - 3$

2

Beschreibe die Lage der Geraden zueinander.

a) $f(x) = 3x + 1;\ g(x) = -2 + 3x$
b) $f(x) = 1{,}5x - 2;\ g(x) = 2x - 2$
c) $f(x) = \frac{3}{4}x - 1;\ g(x) = 0{,}75x - 1$
d) $f(x) = -3x + 1;\ g(x) = 3x - 1$

3

Finde Funktionsgleichungen, sodass die folgenden Muster auf dem GTR erscheinen.

a) 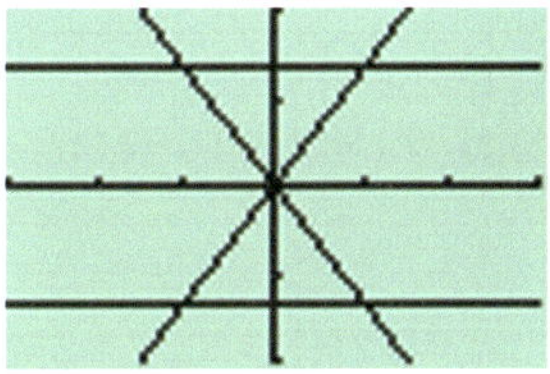

b) 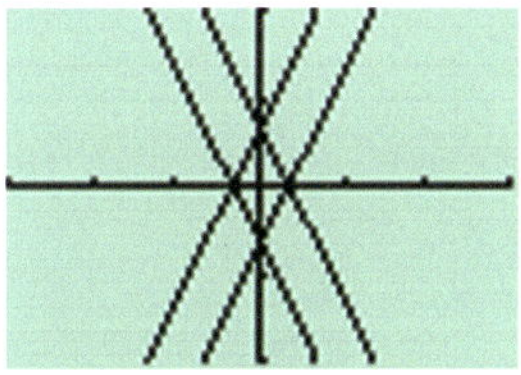

c) 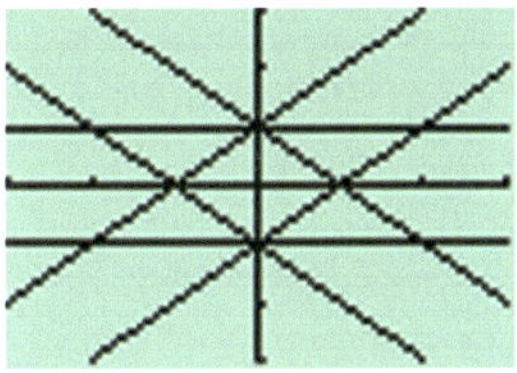

d) 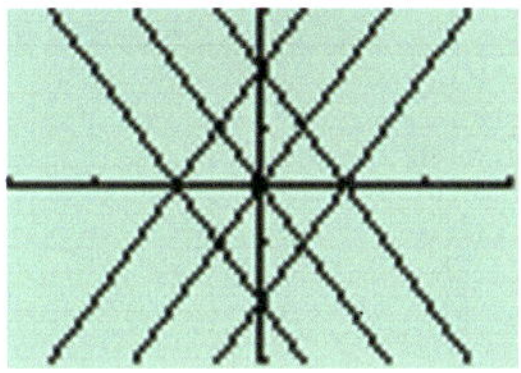

3.10 Anwendungen

Für viele Anwendungsprobleme sind die linearen Funktionen das Werkzeug, mit dem du die Aufgaben bearbeiten und lösen kannst. Deshalb musst du für das Lösen solcher Aufgaben die mathematischen Grundlagen beherrschen. Danach kannst du versuchen, die Problemstellung mit System zu bearbeiten.

So kannst du vorgehen, wenn du ein Problem mithilfe linearer Funktionen lösen musst

1. Aufgabenstellung/Problem

Im ersten Schritt geht es um das **Textverständnis.** Nur wenn du die Aufgabe richtig verstanden hast, kannst du sie lösen.

1. Lies dir die **ganze Aufgabe** genau durch.
2. Markiere die Daten, die für das Lösen der Aufgabe wichtig sind.
3. Formuliere (am besten in eigenen Worten), was du herausfinden sollst.

2. Mathematisches Modell

Im zweiten Schritt geht es darum, den Text in mathematische Sachverhalte zu übersetzen.

1. Schreibe die Daten aus dem Text heraus und sortiere sie nach Zusammenhängen. Finde heraus, welche Größe gegeben und welche Größe von dieser gegeben Größe abhängig ist und führe Variablen dafür ein.
2. Überlege, wie groß der Anfangszustand ist. Dieser Wert ist das c in der Funktionsgleichung. Bestimme, um welchen Wert die gegebene Größe zu- oder abnimmt. Das ist die Steigung m.
3. Stelle eine Funktionsgleichung auf.

3. Mathematische Lösung

1. Löse die Aufgabe rechnerisch oder grafisch.
2. Formuliere ein Ergebnis

4. Kontrolle

Rechnen ist gut – Kontrolle ist besser!

Überprüfe anhand der Aufgabe, ob dein Ergebnis stimmen kann.

Beispiel:
Ein Flugzeug erreicht nach 30 s 450 m über Normalnull (NN), nach 90 s war es 1050 m über NN und nach 120 s war es 1350 m über NN hoch.
Weise nach, dass der Zusammenhang zwischen Zeit und Höhe durch eine lineare Funktion beschrieben werden kann und berechne die Höhe des Flughafens, wie hoch das Flugzeug nach 100 s ist und wie lange es dauert, bis das Flugzeug 2000 m hoch ist.

2. Modell

a) Gegeben sind 3 Wertepaare; diese können in ein Koordinatensystem gezeichnet werden. Für 1 cm auf der t-Achse nehme ich 10 s, auf der h-Achse soll 1 cm einer Höhe von 100 m entsprechen.

b) Es ist weder m noch c gegeben, dafür aber 3 Punkte, d.h. ich kann eine Gerade durch 2 Punkte bestimmen und muss dann noch überprüfen, ob der dritte Punkt auf dieser Geraden liegt.
Allgemeine Gleichung: $h = m \cdot t + c$ mit der Höhe h in m, der Zeit t in s und der Anfangshöhe c.

c) Gegeben ist t = 100 s und gesucht ist die Höhe;
gegeben ist h = 2000 m und gesucht ist die Zeit.

3. Lösung

b) Bestimmung der Steigung m aus zwei Punkten:
$m = \frac{y_2 - y_1}{x_2 - x_1} = \frac{1050 - 450}{90 - 30} = 10$
c berechnen:
$450 = 10 \cdot 30 + c$,
also $c = 150$.
Damit gilt: $h = 10t + 150$.
Probe, ob P(120 | 1350) auf g liegt:
$10 \cdot 120 + 150 = 1350$ ✓

c) $h = 10 \cdot 100 + 150 = 1150$
$2000 = 10 \cdot t + 150$,
also $t = 185$.

Antwortsatz: Der Flughafen liegt 150 m über NN. Nach 100s ist das Flugzeug 1150 m über NN hoch und nach 185 s hat es Höhe von 2000 m.

a) Schaubild:

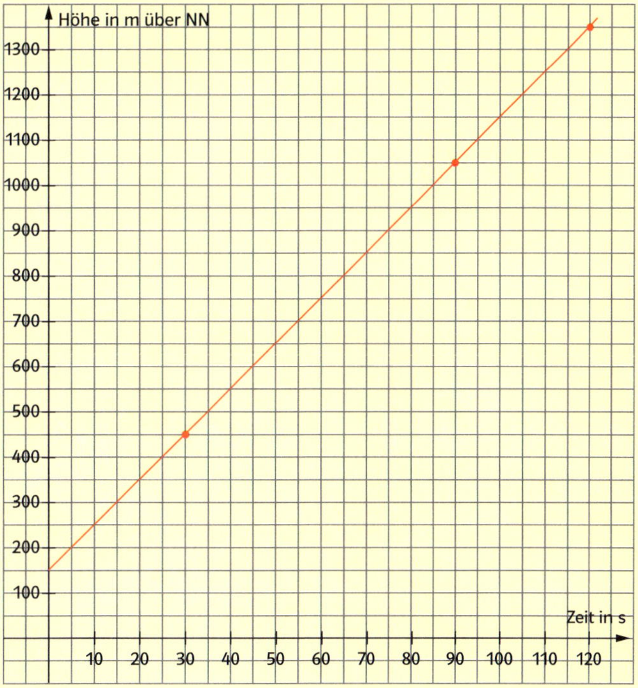

1

Biologen vermuten, dass es bei den meisten Schlangenarten einen Zusammenhang zwischen der Schwanz- und der gesamten Körperlänge gibt. Messungen bei verschiedenen Arten ergaben die folgende Wertetabelle:

Schwanzlänge in cm	3	6	8	9
Gesamtlänge in cm	20	40	$53\frac{1}{3}$	60

Weise nach, dass der Zusammenhang zwischen Schwanzlänge und Körperlänge durch eine lineare Funktion beschrieben werden kann und bestimme die Körperlänge, wenn der Schwanz 14 cm lang ist und wie lang ein Schwanz bei einer Körperlänge von 1,30 m ist.

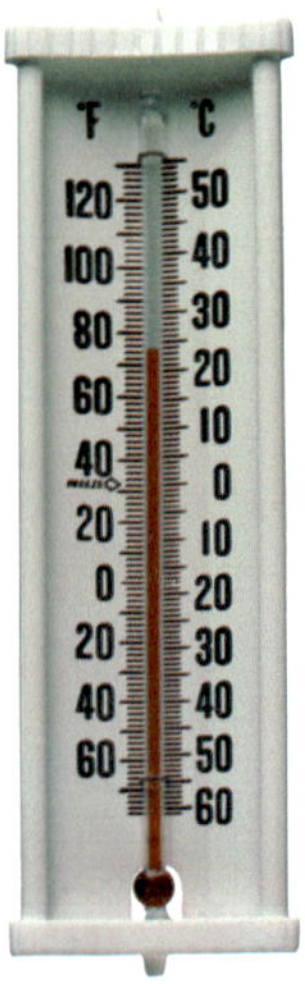

2

In der Abbildung siehst du ein Thermometer, das die Temperatur sowohl in Grad Celsius als auch in Grad Fahrenheit anzeigt.

a) Beschreibe den Zusammenhang zwischen den Einheiten mithilfe einer linearen Funktion.
b) Berechne die Nullstelle. Diese Temperatur ist übrigens der Gefrierpunkt des reinen Wassers.
c) Fahrenheit setzte als 100 °F seine eigene durchschnittliche Körpertemperatur fest. Berechne diese in Grad Celsius.

3

Zwei Autovermieter bieten zwei unterschiedliche Wochenend-Tarife an:
Tarif A: Einmalige Grundgebühr von 25 € und 0,50 € für jeden gefahrenen Kilometer.
Tarif B: Keine Grundgebühr und 0,70 € für jeden gefahrenen Kilometer.

a) Frau Cremer hat bei Autovermieter A den Betrag von 300 € bezahlt. Wie viele Kilometer ist sie gefahren?
b) Familie Kussel plant einen Ausflug und prüft die beiden Angebote. Ist eines der beiden Angebote der Autovermieter grundsätzlich günstiger? Begründe deine Antwort.
c) Überlege für beide Autovermieter:
Kann man für doppelt so viel Geld immer doppelt so weit fahren? Begründe deine Antwort.

1

a) Welcher Graph gehört zu einer Funktion? Begründe.

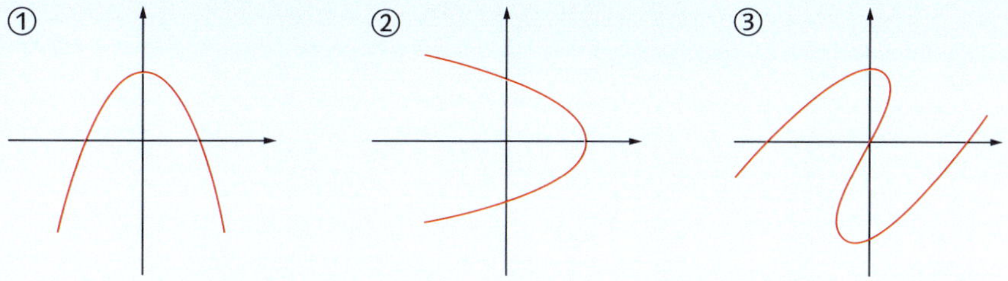

b) Zeichne in ein Koordinatensystem zwei proportionale und zwei lineare Funktionen. Was sind Unterschiede, was Gemeinsamkeiten von einer linearen Funktion und einer proportionalen Zuordnung?

Punkte: max. 4

2

Bestimme für jede Gerade die zugehörige Funktionsgleichung.

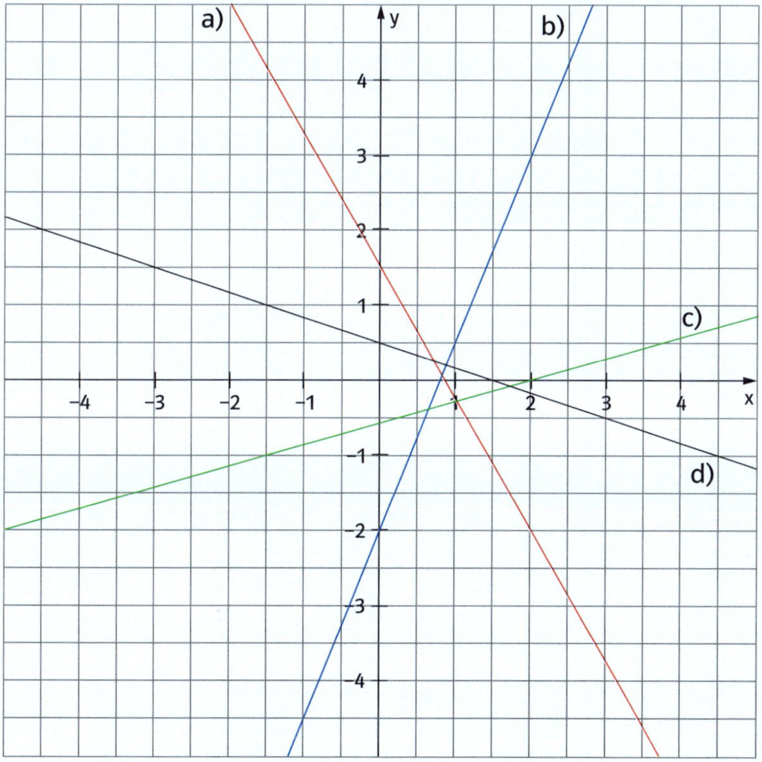

Punkte: max. 4

3

Zeichne die Graphen der linearen Funktionen in ein Koordinatensystem.

Punkte: max.4

a) $y = 2{,}5x + 1$ b) $y = -2x + 1{,}75$ c) $y = \frac{4}{5}x - 1{,}5$ d) $y = -3 - \frac{1}{3}x$

4

Die Geraden gehen durch die zwei Punkte P und Q. Ermittle die zugehörigen Funktionsgleichungen. Wo schneiden die Geraden die Koordinatenachsen?

Punkte: max.4

a) $P(-6\,|\,-3)$; $Q(6\,|\,5)$ b) $P(-3\,|\,-3)$; $Q(-1\,|\,-3)$

5

Herr Schmid tankt sein Auto vor einer Urlaubsfahrt voll. Sein Auto verbraucht durchschnittlich 9,5 l auf 100 km. Der Tank fasst 66,5 l.

a) Wie viel l sind nach 250 km noch im Tank?
b) Wie weit kommt Herr Schmid maximal?

Punkte: max.4

6

In einer Sanduhr sind 150 mm^3 Sand enthalten. Die Verengung in der Mitte ist so groß, dass sie 0,25 mm^3 Sand pro Sekunde hindurchrieseln lässt.

a) Stelle eine Funktionsgleichung auf, die der verstrichenen Zeit das in der oberen Hälfte verbliebene Sandvolumen zuordnet. Zeichne den Graphen.
b) Nach welcher Zeit ist der ganze Sand nach unten gerieselt?
c) Nach welcher Zeit befinden sich in der oberen Hälfte noch 40 mm^3 Sand?

Punkte: max.4

Gesamtpunkte: max.24

Aufgaben Nummer	erreichte Punktzahl von (...)	Lernerfolg	Lernein-heit abha-ken ✓
1	_____ (4)	Wenn du die volle Punktzahl hast, dann weißt du, was Zuordnungen und (lineare) Funktionen sind.	3.1 – 3.2
2	_____ (4)	Bei diesen Aufgaben konntest du testen, ob du aus gegebenen Geraden die zugehörigen Gleichungen ablesen kannst.	3.6 – 3.7
3	_____ (4)	Konntest du alle Geraden richtig zeichnen? Dann kannst du sehr zufrieden sein.	3.6
4	_____ (4)	In dieser Aufgabe musstest du sowohl die Steigung als auch die Schnittpunkte mit den Koordinatenachsen berechnen. Hake die entsprechenden Kapitel ab.	3.7 – 3.8
5	_____ (4)	Hier wurde nochmals der Umgang mit proportionalen Funktionen geprüft. Bei voller Punktzahl kannst du diese Abschnitte abhaken.	3.3 – 3.4
6	_____ (4)	Bei dieser Aufgabe ist dein Umgang mit einer Textaufgabe gefragt. Wenn du gut abgeschnitten hast, kannst du diesen Abschnitt endgültig abhaken.	3.10

19 – 24 Punkte	13 – 18 Punkte	7 – 12 Punkte	0 – 6 Punkte
Prima, du hast dieses Kapitel gut verstanden! Nun kannst du das nächste Kapitel üben.	Das klappt ja schon recht ordentlich! Du kannst vieles recht gut, aber es könnte auch besser sein. Wiederhole die Abschnitte noch einmal, die in deiner Checkliste nicht abgehakt sind.	Einiges hast du schon ganz gut gelöst, insgesamt sind deine Lücken aber noch zu groß. Wiederhole die Abschnitte noch einmal, die in deiner Checkliste nicht abgehakt sind.	Es gibt bei dir noch sehr viele Unsicherheiten. Du musst noch mehr üben! Wiederhole die Abschnitte noch einmal, die in deiner Checkliste nicht abgehakt sind.

4 Terme und Gleichungen

4.1 Rechnen mit Termen und Variablen

In der Mathematik wird nicht nur mit Zahlen gerechnet, sondern auch mit Variablen und Termen. Dabei gibt es im Prinzip keinen Unterschied.

Was ist ein Term?

Ein Term ist ein Rechenausdruck, der Zahlen oder Variablen enthält.

So kannst du einen Term mit Variablen berechnen

Setze für die Variable eine Zahl ein und berechne anschließend den Rechenausdruck.

Beispiele:

a) Setze im Term $2 \cdot x + 1$ für x die Zahl 3 ein und berechne.
Lösung: $2 \cdot 3 + 1 = 7$

b) Setze im Term $\frac{6}{x} - 3$ für x die Zahlen 1, 2 und 3 ein und berechne jeweils. Stelle die Lösung in Form einer Tabelle dar.
Lösung:

Variable x	1	2	3
Term $\frac{6}{x} - 3$	$\frac{6}{1} - 3$	$\frac{6}{2} - 3$	$\frac{6}{3} - 3$
Lösung	3	0	–1

So kannst du einen Term vereinfachen

Fasse die Variablen und Zahlen getrennt zusammen .

Beispiele:

a) Fasse den Term $x + x - x + y + y + 5 - 3$ zusammen.
Lösung: $x + x - x + y + y + 5 - 3 = 1 \cdot x + 2 \cdot y + 2 = x + 2y + 2$

b) Vereinfache: $2 \cdot a \cdot b - a \cdot b + 3 \cdot a \cdot c + 4 \cdot a \cdot c - b \cdot c + 5 \cdot b \cdot c$
Lösung: $2ab - ab + 3ac + 4ac - bc + 5bc = ab + 7ac + 4bc$

Beachte: Vor einer Variablen kannst du den Mal-Punkt weglassen!
$4 \cdot x$ ist das Gleiche wie 4x und x ist das Gleiche wie 1x!

1

Setze im Term für x jeweils die Zahl 2 ein und berechne.

a) $3 \cdot x - 4$ b) $x \cdot (-1) + 3$ c) $\frac{x}{3} + \frac{1}{3}$ d) $5 - \frac{4}{x}$

e) $2 - x$ f) $\frac{x}{2} + \frac{4}{x}$ g) $x - \frac{6}{x} + 3 \cdot x$ h) $\frac{x}{x} + x \cdot x - \frac{2}{x}$

2

Setze im Term für die Variable die Zahlen −1, 0 und 1 ein und berechne jeweils. Stelle die Lösung in Form einer Tabelle dar.

a) $2 \cdot x - 1$ b) $4 \cdot (-y) + 4$ c) $\frac{3}{z} - 2$ d) $\frac{a}{2} - \frac{5}{a}$

3

Vereinfache die Terme.

a) $3x + x - 2x$

b) $4x - 2x + 8y - 5y$

c) $2x - x + y + y - 2z + 5z$

4

Schreibe als einen Bruch.

a) $\frac{x}{2} + \frac{x}{3} + \frac{x}{6}$ b) $\frac{1}{x} + \frac{2}{x} + \frac{3}{x}$ c) $\frac{x}{2} + \frac{x}{4} + \frac{y}{3} + \frac{y}{6}$ d) $\frac{x}{2} + \frac{y}{2}$ e) $\frac{x}{2} + \frac{y}{3} + \frac{z}{6}$

5

Fasse zusammen.

a) $2a - a + 6ab - 4ab + 2b - 2b + 8 - 7$

b) $a + 3a - b + 5b + 2ab - ab + 5ac + 4ac + 2bc + bc + abc + 2abc + 4 - 2$

4.2 Umformen von Termen

Für das Rechnen mit Termen gelten viele Gesetze, die auch für das Rechnen mit natürlichen, ganzen oder rationalen Zahlen gelten.

Das Kommutativgesetz

$a + b = b + a$ bzw. $a \cdot b = b \cdot a$

besagt, dass man bei Additionen bzw. Multiplikationen die Zahlen oder Variablen vertauschen darf.

Beispiele:

a) Vereinfache den Term $2 + x + 3 + x$

Lösung: Vertauschung: $2 + x + 3 + x = x + x + 3 + 2$

Vereinfachung: $x + x + 3 + 2 = 2x + 5$

b) Vereinfache den Term $x \cdot 2 \cdot y + y \cdot x \cdot 3$

Lösung: Vertauschung: $x \cdot 2 \cdot y + y \cdot x \cdot 3 = 2 \cdot x \cdot y + 3 \cdot x \cdot y$

Vereinfachung: $2xy + 3xy = 5xy$

Das Assoziativgesetz

$a + (b + c) = (a + b) + c$ bzw. $a \cdot (b \cdot c) = (a \cdot b) \cdot c$

besagt, dass die Reihenfolge, in der Additionen bzw. Multiplikationen ausgeführt werden, keine Rolle spielt. Konsequenz: Klammern sind hier überflüssig!

Beispiele:

a) Vereinfache den Term $2 \cdot (4 \cdot x)$

Lösung: $2 \cdot (4 \cdot x) = (2 \cdot 4) \cdot x = 8 \cdot x = 8x$

b) Vereinfache den Term $a + (3 \cdot a + 2 \cdot b)$

Lösung: $a + (3a - 2b) = (a + 3a) + 2b = 4a + 2b$

1

Vereinfache den Term.

a) $x + 1 + x$ b) $x + 2 + x - 6 - x$ c) $\frac{x}{2} + \frac{3}{2} + \frac{3x}{2} - \frac{1}{2}$

d) $-x + 3 + x - 3$ e) $x \cdot 5$ f) $x \cdot (-4)$

g) $x \cdot 3 - x \cdot (-2)$ h) $\frac{x}{2} + x \cdot 2 + \frac{5x}{2}$ i) $2a + 5b + 5a + 2b$

j) $a \cdot 3 \cdot 2 \cdot b \cdot 4$ k) $(-2) + b + (-a) + (-1) + 4$

2

Tim und Tom putzen sich regelmäßig die Zähne. Tim putzt sich dreimal täglich zwei Minuten lang die Zähne. Tom putzt sich nur zweimal täglich aber dafür drei Minuten lang die Zähne.
Zeige mit dem Kommutativgesetz, dass die tägliche Putzzeit für beide gleich ist.

3

In folgenden Vereinfachungen steckt ein Fehler. Worin besteht er und wie lautet die korrekte Vereinfachung?

a) $x \cdot 7 + 2 = x \cdot 9 = 9x$ b) $3x + 8 - 2x = 3x + 2x + 8 = 5x + 8$

c) $4x + 3x \cdot 2y + 2y = 7x \cdot 4y = 28xy$

4

Vereinfache den Term.

a) $3 \cdot (5 \cdot x)$ b) $(x + 3) + 1$ c) $(x \cdot (-2)) \cdot (-6)$ d) $(x + (-4)) + (-8)$

e) $6x + (4x + 7y)$ f) $-a + (-2a + b)$ g) $5 \cdot (3 \cdot a) \cdot b$

5

In folgenden Vereinfachungen steckt ein Fehler.
Worin besteht er und wie lautet die korrekte Vereinfachung?

a) $3 \cdot (2 \cdot x) = 3 \cdot 2 \cdot 3 \cdot x = 12x$ b) $2x + (4x + 2) = 2x + 6x = 8x$

Das Distributivgesetz

$a \cdot (b + c) = a \cdot b + a \cdot c$ bzw. $a \cdot (b - c) = a \cdot b - a \cdot c$
beschreibt, wie man Klammern auflösen bzw. setzen kann.

Beispiele:

a) Löse bei folgendem Term die Klammern auf: $2 \cdot (x + 4)$
Lösung: $2 \cdot (x + 4) = 2 \cdot x + 2 \cdot 4 = 2x + 8$
Man spricht hier auch vom **Ausmultiplizieren** einer Klammer.

b) Setze bei folgendem Term Klammern: $3x + 6$
Lösung: $3x + 6 = 3 \cdot x + 3 \cdot 2 = 3 \cdot (x + 2) = 3(x + 2)$
Man spricht hier auch von **Ausklammern**. In diesem Beispiel wurde die Zahl 3 ausgeklammert.

Beachte: Vor einer Variablen oder einer Klammer kannst du den Mal-Punkt weglassen! Schreibe immer erst die Zahl und dann die Variable: $2x$ ist besser als $x \cdot 2$!

Wieso setzt man Klammern?

Stell dir vor, der Term aus Beispiel a) kommt folgendermaßen zustande:
Man addiert zu einer beliebigen Zahl x die Zahl 4 und multipliziert anschließend das Ergebnis mit der Zahl 2. Die Klammer muss man setzen, da der gesamte Ausdruck „$x + 4$“ mit 2 multipliziert wird.

6

Löse bei folgenden Termen die Klammern auf.

a) $4(x + 1)$ b) $-3(x - 8)$ c) $x(6 + 7)$
d) $2(x + 2(x + 1))$ e) $2(a + b)$ f) $3(p - q)$
g) $5(2x + 3y) - 2(x - 4y)$ h) $3(4a - 2b + 6c) - 6(2a - b + 3c)$
i) $3a\ (4b - 2c)$ j) $4b(a - 1)$

7

Klammere aus.

a) $5x + 10$ b) $8x - 4$ c) $9 - 3x$
d) $-2 - 2x$ e) $4x - 4y$ f) $6a + 3b - 9c$
g) $6p - 2q + 2p + 4q$ h) $2ab + 4ac$

8

In folgenden Umformungen steckt ein Fehler. Worin besteht er und wie lautet die korrekte Umformung?

a) $3(2 + x) = 6 + x$ b) $-2(x - 4) = -2x - 8$

9

Herr Maier arbeitet acht Stunden am Tag. Seine Frau hat einen Halbtagsjob und arbeit nur vormittags für vier Stunden täglich. Beide berechnen, wie viele Stunden sie zusammen in der Woche (d.h. von Montag bis Freitag) arbeiten.
Herr Maier rechnet: „Ich zähle zunächst die tägliche Arbeitszeit von mir und meiner Frau zusammen und multipliziere das Ergebnis mit der Anzahl der Tage."
Frau Maier rechnet anders: „Ich multipliziere erst die tägliche Arbeitszeit meines Mannes mit der Anzahl der Tage, dann mache ich das Gleiche mit meiner täglichen Arbeitszeit und addiere schließlich die beiden Ergebnisse."
Stelle beide Rechenwege dar und zeige mit dem Distributivgesetz, dass das Ergebnis das gleiche ist.

4.3 Lösen von Gleichungen – Äquivalenzumformungen

Einfache Gleichungen hast du bereits beim Berechnen und Umformen von Termen kennen gelernt.

Was genau ist eine Gleichung?

Eine Gleichung enthält auf beiden Seiten des Gleichheitszeichens („=“) Rechenausdrücke oder Terme. Das Gleichheitszeichen verlangt, dass auf beiden Seiten der gleiche Zahlenwert steht.
Daher kannst du bestimmen, ob eine Gleichung richtig (wahr) oder falsch ist. Die Gleichung $2 \cdot 4 = 5 + 3$ ist wahr, die Gleichung $3 + 4 = 5 - 2$ dagegen falsch. Enthält die Gleichung eine Variable, so musst du diejenige Zahl finden, die für die Variable eingesetzt eine wahre Gleichung ergibt.

Beispiel: $4 + x = 6$
Offensichtlich ist diese Gleichung für $x = 2$ wahr.
Die Zahl 2 ist eine Lösung dieser Gleichung; kurz: $L = \{2\}$.

Was ist eine Äquivalenzumformung?

Um Gleichungen zu lösen, werden sie schrittweise vereinfacht. Dabei darf sich die Lösungsmenge L nicht verändern. Die so genannten **Äquivalenzumformungen** führen zu dem gewünschten Ergebnis.
Zu ihnen gehören:

1. Termumformungen auf beiden Seiten wie Ausmultiplizieren und Zusammenfassen.
2. Die Addition oder Subtraktion der gleichen Zahl, Variable oder des gleichen Terms auf beiden Seiten der Gleichung.
3. Die Multiplikation oder Division mit der gleichen Zahl ($\neq 0$), Variablen ($\neq 0$) oder dem gleichen Term ($\neq 0$) auf beiden Seiten der Gleichung.

Beispiel: Löse die Gleichung $2x + 1 = 7$.

$$\begin{aligned} 2x + 1 &= 7 && \mid -1 \\ 2x + 1 - 1 &= 7 - 1 && \mid \text{Zusammenfassen} \\ 2x &= 6 && \mid :2 \\ 2x : 2 &= 6 : 2 && \mid \text{Ausrechnen} \\ x &= 3 \end{aligned}$$

Kurz:

$$\begin{aligned} 2x + 1 &= 7 && \mid -1 \\ 2x &= 6 && \mid :2 \\ x &= 3 \end{aligned}$$

Probe: $2 \cdot 3 + 1 = 7$ ✓, also gilt: $L = \{3\}$.

1

Löse die Gleichung und mache die Probe.

a) $x + 1 = 4$ b) $6x - 8 = 4$ c) $3x + 1 = 4x$ d) $20 - x = 2x + 8$

e) $\frac{x}{6} = 2$ f) $\frac{8}{x} = 4$ g) $\frac{x}{2} + 4 = 7$ h) $4 + \frac{x}{3} = 2x - 1$

i) $2(x + 1) = 4$ j) $3(x + 6) = 9x$ k) $\frac{1}{2}(5x - 1) = 3x - 1$

2

Löse die Gleichung. Fasse vorher die linke und rechte Seite der Gleichung zusammen (Bei Aufgabe e) und f) gibt es einen Sonderfall!).

a) $5x - x = 2x + 3 + 1$ b) $3(x + 4) = 6x - 2 - x$ c) $2(x + 5) = 3(x - 2)$

d) $4(x - 1) + 3(x + 8) = 5(x + 7) - 2(x - 1) - 1$

e) $2x + 3x = 4x + x$ f) $2x + 1 = 2x + 2$

3

Löse zuerst die inneren Klammern auf und berechne.

a) $3(x + 4(x + 2)) = 5(x + 2(2x + 1)) - 6$

b) $2(x + 3(4 - x)) = 4(3 - (3x - 1))$

4

Löse die Gleichung nach y auf.

a) $y - x = 3$ b) $-4x + y = 2x - 1$ c) $3x - y + 6 = y + 5x + 8$

5

Forme die Gleichung so um, dass auf der linken Seite der Gleichungen die Variablen stehen und auf der rechten Seite nur noch eine Zahl.

a) $3(a + b) = 2(a - b) + 4(b + 1)$

b) $8(a + b + c) + 5 = 3(a - b) + 2(a + c) + 4(b + c) + 1$

c) $4(x + y) - 3(x - z) + 3 = 3(y + z + 1) - z$

6

In welcher Zeile steckt der Fehler und wie lautet die richtige Lösung?

1.	$x + \frac{3}{2} = 2$	$\mid \cdot 2$
2.	$x + \frac{3 \cdot 2}{2} = 2 \cdot 2$	| Kürzen und Zusammenfassen
3.	$x + 3 = 4$	$\mid -3$
4.	$x + 3 - 3 = 4 - 3$	| Zusammenfassen
5.	$x = 1$	falsche Lösung

4.4 Aufstellen von Gleichungen

Bisher hast du gegebene Gleichungen umgeformt und gelöst.
Um ein konkretes mathematisches oder praktisches Problem zu lösen, musst du häufig selbstständig eine Gleichung aufstellen.

So kannst du eine Gleichung aufstellen

1. Lies den Text genau durch und schreibe heraus, was gegeben ist und was gesucht wird.
2. Benenne die gesuchte Größe mit einer Variablen, häufig x.
3. Stelle eine Gleichung auf.
4. Löse die Gleichung durch Umformen.
5. Mache die Probe am urspünglichen Text.
6. Formuliere einen Antwortsatz.

Beispiel:
Annas Tante Berta ist heute viermal so alt wie Anna, in drei Jahren aber nur noch dreimal so alt. Wie alt sind Anna und Berta heute?

2. Setze das heutige Alter von Anna gleich x. Daraus folgt:
3. Alter von Anna heute: x; Alter von Anna in 3 Jahren: $x + 3$
   Alter von Berta heute: 4x; Alter von Berta in 3 Jahren: $3(x + 3) = 4x + 3$
   Für Berta gibt es also **zwei** Bedingungen, die gleich sein müssen.
   Die Gleichung gibt die Situation in drei Jahren wieder:
   Auf der linken Seite steht, dass Berta in drei Jahren dreimal so alt ist wie Anna. (Beachte die Klammer, da der ganze Term „x + 3" mit 3 multipliziert werden muss.)
   Auf der rechten Seite steht, dass Berta in drei Jahren drei Jahre älter als heute ist.
4. Die Lösung der Gleichung ergibt:
   $$3(x + 3) = 4x + 3 \quad | \text{ Klammer auflösen}$$
   $$3x + 9 = 4x + 3 \quad | -3x$$
   $$9 = x + 3 \quad | -3$$
   $$x = 6 \quad | \text{ Lösung: Annas Alter}$$
5. Probe: $3(6 + 3) = 4 \cdot 6 + 3 \Leftrightarrow 18 + 9 = 24 + 3 \Leftrightarrow 9 = 9$
6. Antwort: Anna ist heute 6 Jahre alt, ihre Tante Berta ist 24 Jahre alt.

1

Peters Großvater ist heute sechsmal so alt wie sein Enkel, in acht Jahren aber nur noch viermal so alt. Wie alt sind Peter und Opa heute?

Tipp:
Setze das heutige Alter von Peter gleich x.

2

Rudolf, der Vater von Rolf und Ralf, stellt bei einem Altersvergleich folgendes fest:
„In einem Jahr ist Rolf doppelt so alt wie Ralf. Ich bin heute siebenmal so alt wie Ralf und in einem Jahr doppelt so alt wie beide zusammen in einem Jahr."
Wie alt sind die drei heute?

Tipp:
Setze das heutige Alter von Ralf gleich x.

3

Auf dem unteren Ast eines Baumes sitzen x Raben. Auf einem Ast darüber sitzt nur ein Drittel davon. Nun fliegen vier Raben vom unteren auf den oberen Ast, wodurch sich deren Anzahl auf dem oberen Ast verdoppelt. Wie viele Raben sitzen insgesamt auf dem Baum?

4

Bei Bundesligaspielen werden die Punkte folgendermaßen vergeben:
Spiel gewonnen: 3 Punkte
Spiel Unentschieden: 1 Punkt
Spiel verloren: kein Punkt

a) Von den 34 Spielen einer Saison hat der Meister nur 3 Spiele verloren bei insgesamt 73 Punkten. Wie viele seiner Spiele hat er gewonnen und wie viele sind unentschieden ausgegangen?
b) Der Tabellenzweite hat 71 Punkte erreicht. Dabei sind 5 seiner Spiele unentschieden ausgegangen. Wie viele Spiele hat er gewonnen, wie viele verloren?

5

Ein Stromversorgungsunternehmen bietet seinen Kunden zwei Tarife zur Auswahl an:
Tarif 1: Verbrauchsunabhängiger Grundpreis: 2,53 Euro pro Monat.
Verbrauchspreis: 0,146 Euro pro Kilowattstunde.
Tarif 2: Verbrauchsunabhängiger Grundpreis: 9,18 Euro pro Monat.
Verbrauchspreis: 0,118 Euro pro Kilowattstunde.
Bei welchem Jahresverbrauch sind die Tarife gleich?

4.5 Formeln

Nachdem du erfahren hast wie man Gleichungen aufstellt, lernst du hier, wie man durch eine Formel eine Beziehung zwischen mehreren Variablen ausdrückt.

Was ist eine Formel?

Eine Formel drückt durch eine Gleichung mit Variablen den Zusammenhang zwischen verschiedenen Größen aus. Daher enthält eine Formel mindestens zwei Variabeln.

Beispiel:
Die Formel $y = 2x$ drückt aus, dass die Größe y doppelt so groß wie die Größe x ist.
Zum Beispiel kann x die Anzahl der Zellen vor – und y die Anzahl der Zellen nach einer Zellteilung sein.

So kannst du eine Formel aufstellen

Versuche, einen Zusammenhang zwischen verschiedenen Größen mit Worten zu beschreiben. Ordne den einzelnen Größen Variablen zu. Stelle die Formel für diesen Zusammenhang auf.

Beispiel:
Wie lautet der Zusammenhang zwischen den Seitenlängen und dem Umfang eines Rechtecks?
Lösung:
Der Umfang eines Rechtecks ist die Summe seiner vier Seiten. Dabei sind die gegenüberliegenden Seiten jeweils gleich lang.

Größe	lange Seite	kurze Seite	Umfang
Variable	a	b	u

Formel:	$u = a + b + a + b$	| Vertauschen
	$u = a + a + b + b$	| Zusammenfassen
	$u = 2a + 2b$	| Ausklammern
	$u = 2(a + b)$	Formel, wie sie in einer Formelsammlung steht

So kannst du eine Formel umstellen

Beispiel:
Du kennst den Umfang eines Rechtecks und die Länge der kurzen Seite b. Die Länge der langen Seite a sollst du berechnen. In diesem Fall kannst du die Formel durch Äqivalenzumformung nach a auflösen:

Formel: $u = 2(a + b) \quad | :2$

$\frac{u}{2} = a + b \quad | - b$

$\frac{u}{2} - b = a \quad$ | Vertauschen der Seiten

$a = \frac{u}{2} - b \quad$ | Formel ist nach a aufgelöst

So kannst du eine Formel anwenden

Beispiel:
Der Umfang u eines Rechtecks wird mit 8 cm, die Länge der Seite b mit 3 cm angegeben. Welche Länge hat die Seite a?

Lösung: $a = \frac{8\,\text{cm}}{2} - 3\,\text{cm} = 1\,\text{cm}$

Antwort: Die Seite a hat die Länge 1 cm.

1

a) Stelle eine Formel für den Flächeninhalt A eines Rechtecks auf.
b) Die lange Seite eines Rechtecks misst 4 cm, die kurze Seite 2 cm. Wie groß ist der Flächeninhalt?

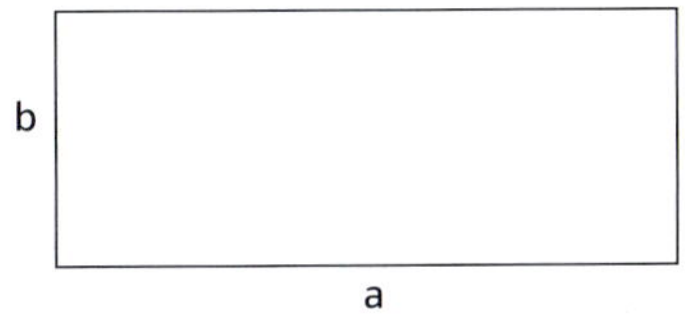

2

Wenn man ein Rechteck diagonal durchschneidet, erhält man zwei rechtwinklige Dreiecke. Wie lautet die Formel für den Flächeninhalt eines rechtwinkligen Dreiecks?

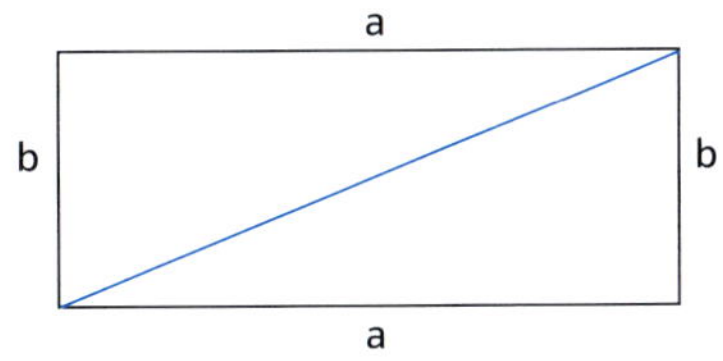

3

Stelle eine Formel für den Flächeninhalt A eines Quadrats auf. Die Seite a eines Quadrats ist 1 dm lang. Wie groß ist der Flächeninhalt?

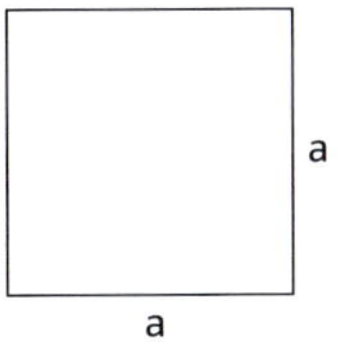

4

a) Die Seitenlänge a eines Quadrats wird verdoppelt. Wie ändert sich der Flächeninhalt?
b) Wie groß wird der Flächeninhalt wenn die ursprüngliche Seitenlänge von 1 dm verdoppelt wird?

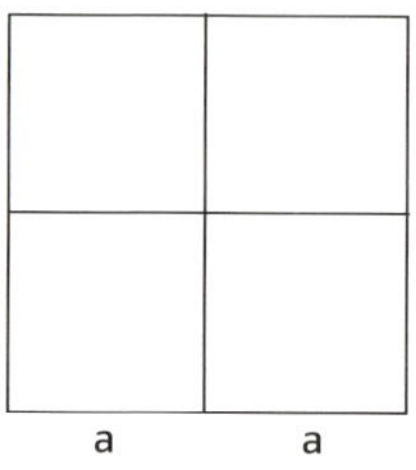

5

Welcher Zusammenhang besteht zwischen dem Durchmesser d und dem Radius r eines Kreises? Stelle d in Abhängigkeit von r dar und umgekehrt.
Der Durchmesser d eines Kreises misst 6 cm. Wie groß ist der Radius r?

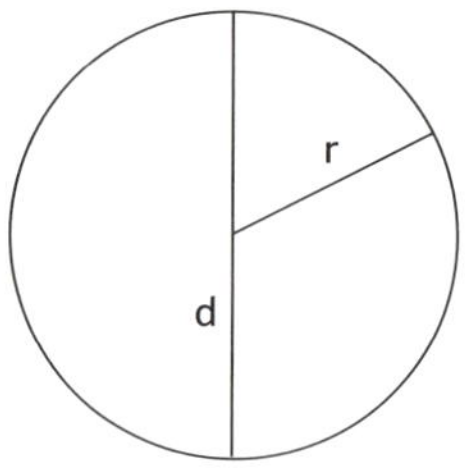

6

Stelle eine Formel auf, die den Umfang u eines gleichseitigen Dreiecks in Abhängigkeit von der Seitenlänge a beschreibt. Stelle anschließend die Formel nach a um.
Der Umfang u eines gleichseitigen Dreiecks ist 12 cm. Wie lang ist eine Seite?

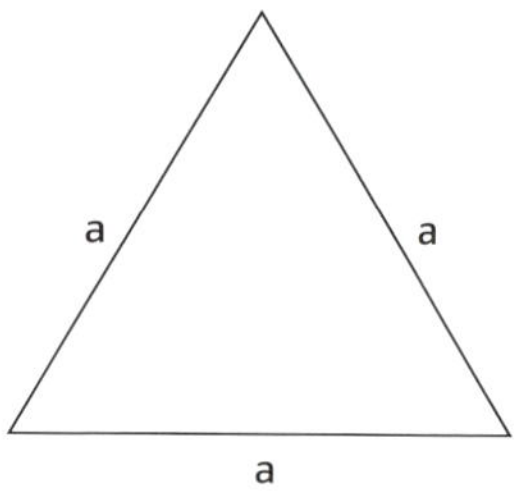

7

Eine Anzahl von Zellen x teilt sich alle vier Stunden einmal. Wie viele Zellen y sind dann nach einem Tag durch Teilung entstanden?
Nimm nun an, dass am Anfang eine Zelle vorhanden war und berechne y.

8

Die Anzahl von Erkältungsviren x wird durch deine eigene Immunabwehr alle sechs Stunden halbiert. Wie viele Viren y sind nach einem Tag noch vorhanden? Dein Sitznachbar in der Schule hat dich durch einen Niesanfall mit zehntausend Viren infiziert. Wie viele Viren sind nach einem Tag noch in deiner Blutbahn bzw. wie viele Viren haben deine Abwehrkräfte unschädlich gemacht?

4.6 Lösen von Ungleichungen

Wie du es bereits von Gleichungen her kennst, kann auch eine Ungleichung wahr oder falsch sein.

Wie löst du eine Ungleichung?

Du musst die gleichen Äquivalenzumformungen durchführen wie bei einer Gleichung. Multiplizierst oder dividierst du die Ungleichung aber mit einer negativen Zahl, musst du das Ungleichheitszeichen umdrehen!

Beispiele:

a) $2x - 2 \leq 4 \quad | +2$

$2x - 2 + 2 \leq 4 + 2 \quad |$ Zusammenfassen

$2x \leq 6 \quad | :2$

$x \leq 3$

Darstellung der Lösung auf einer Zahlengeraden:

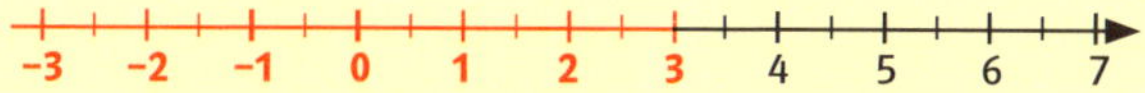

Darstellung als Lösungsmenge: $L = \{x \mid x \leq 3\}$

Beachte: Die Zahl 3 ist Bestandteil der Lösung!

b) $-3x + 7 < 10 \quad | -7$

$-3x + 7 - 7 < 10 - 7 \quad |$ Zusammenfassen

$-3x < 3 \quad | :(-3)$ (**< umdrehen!**)

$x > -1$

Darstellung der Lösung auf einer Zahlengeraden:

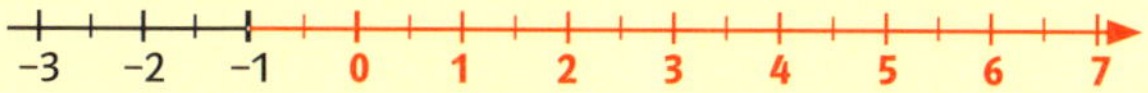

Darstellung als Lösungsmenge: $L = \{x \mid x > -1\}$

Beachte: Die Zahl −1 ist nicht Bestandteil der Lösung!

1

Stelle folgende Ungleichungen auf einer Zahlengeraden dar.

a) $x > 2$ b) $x \leq 3$ c) $x < -1$ d) $x \geq -4$

2

Löse die Ungleichung. Stelle das Egebnis auf einer Zahlengeraden dar.

a) $x + 1 > 2$ b) $2x + 4 \leq 2$ c) $3x - 9 < 2x - 5$ d) $11x + 43 > x - 7$

1

Setze in den Term für x die Zahlen 1, 2, −3 und 5 ein.

Punkte: max. 4

a) $\frac{1}{x}$ b) $4x - 2$ c) $\frac{x}{2} - 4$ d) $-5(x + 4) - 3$

2

Löse die Gleichungen nach x auf

a) $3x - 4 = -3x + 8$ b) $2(2x + 2) = 3(-3x - 3)$

Punkte: max. 6

c) $-4(-2x + 1) - x = -(x - 2) - (x - 1) + x + 1$

3

Welcher Sonderfall liegt bei der Lösung dieser Gleichung vor?

Punkte: max. 2

$2(6x - 8) = -4(-3x + 4)$

4

Stelle eine Formel auf, die den Umfang u eines Quadrats in Abhängigkeit von der Seitenlänge a beschreibt.

Punkte: max. 4

Stelle anschließend die Formel nach a um.

5

Punkte: max. 2

Stelle die Formel $O = 2ab + 2ac + 2bc$ nach a um.

6

Löse die Ungleichungen und stelle die Lösung auf einer Zahlengeraden dar

Punkte: max. 4

a) $2(-x + 3) > 4$ b) $5 \leq -(2x - 3)$

7

Welcher Sonderfall liegt bei der Lösung dieser Ungleichung vor?

Punkte: max. 2

$3(6x - 4) < 9(2x - 1)$

Gesamtpunkte: max. 24

Aufgaben Nummer	erreichte Punktzahl von (...)	Lernerfolg	Lernein-heit abha-ken ✓
1	____ (4)	Du weisst, was Terme und Variablen darstellen.	4.1
2	____ (6)	Du bist bei Gleichungen sicher im Umgang mit Äquivalenzumformungen.	4.2 4.3
3	____ (2)	Du bist mit Sonderfällen bei der Lösung von Gleichungen vertraut.	4.3
4 5	____ (4) ____ (2)	Du kannst selbstständig eine Formel aufstellen und umformen.	4.4 4.5
6	____ (4)	Du bist bei Ungleichungen sicher im Umgang mit Äquivalenzumformungen.	4.6
7	____ (2)	Du bist mit Sonderfällen bei der Lösung von Ungleichungen vertraut.	4.6

19 – 24 Punkte	13 – 18 Punkte	7 – 12 Punkte	0 – 6 Punkte
Prima, du hast dieses Kapitel gut verstanden! Nun kannst du das nächste Kapitel üben.	Das klappt ja schon recht ordentlich! Du kannst vieles recht gut, aber es könnte auch besser sein. Wiederhole die Abschnitte noch einmal, die in deiner Checkliste nicht abgehakt sind.	Einiges hast du schon ganz gut gelöst, insgesamt sind deine Lücken aber noch zu groß. Wiederhole die Abschnitte noch einmal, die in deiner Checkliste nicht abgehakt sind.	Es gibt bei dir noch sehr viele Unsicherheiten. Du musst noch mehr üben! Wiederhole die Abschnitte noch einmal, die in deiner Checkliste nicht abgehakt sind.

5 Beziehungen in geometrischen Figuren

5.1 Winkel an Geradenkreuzungen

Wenn sich mehrere Geraden kreuzen, entstehen verschiedene Winkel. In der Mathematik sind besonders diejenigen Winkel interessant, die entstehen, wenn sich Geraden und Parallelen kreuzen. Diese Zusammenhänge benötigst du später auch, um Eigenschaften geometrischer Figuren zu erkennen.

Wie verhalten sich Winkel an einer einfachen Geradenkreuzung?

Schneiden sich zwei Geraden, so heißen die einander gegenüberliegenden Winkel **Scheitelwinkel**. Scheitelwinkel sind **gleich groß**.

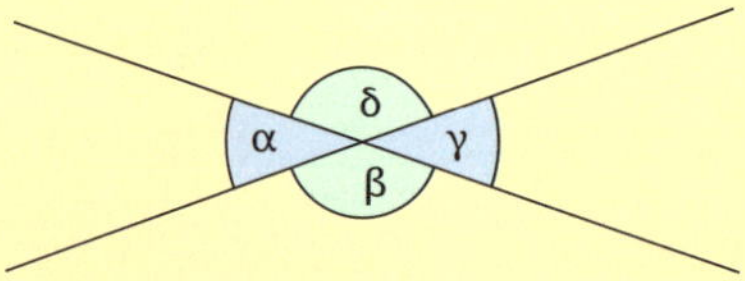

α und γ sowie β und δ sind Scheitelwinkel und somit gilt:
$\alpha = \gamma$ und $\beta = \delta$

Nebeneinander liegende Winkel heißen **Nebenwinkel**.
Die Summe zweier Nebenwinkel ist **180°**.

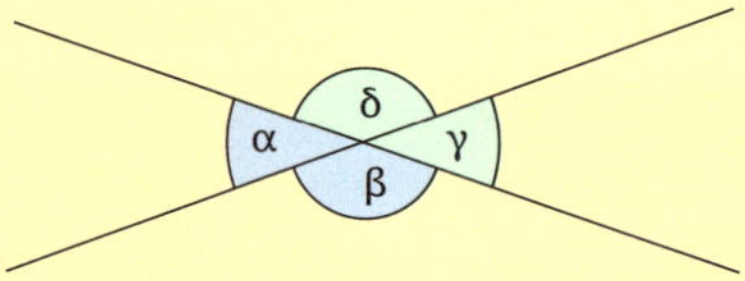

α und β sowie γ und δ sind Nebenwinkel und somit gilt:
$\alpha + \beta = 180°$ und $\gamma + \delta = 180°$

Beispiel:
Gegeben sind zwei sich schneidende Geraden. Berechne die fehlenden Winkel.

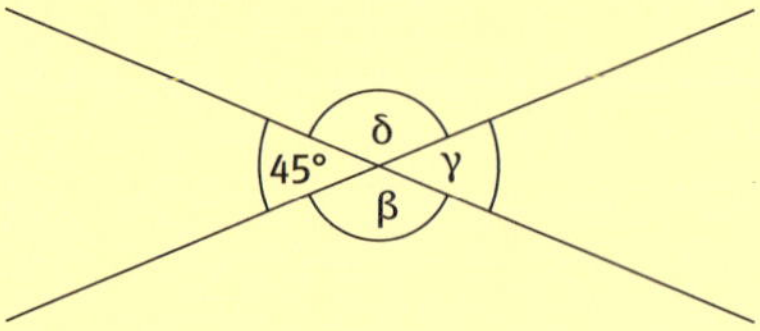

α und γ sind Scheitelwinkel, also ist $\gamma = \alpha = 45°$.
α und β sind Nebenwinkel, also ist $\beta = 180° - 45° = 135°$. Da β und δ ebenfalls Scheitelwinkel sind, ist $\delta = \beta = 135°$.

1

Berechne die fehlenden Winkel.

a)

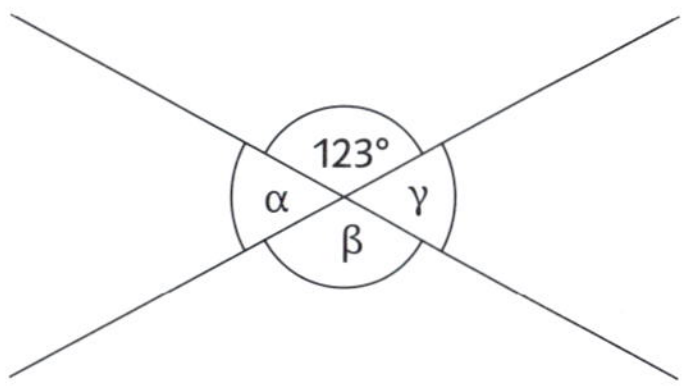

b)

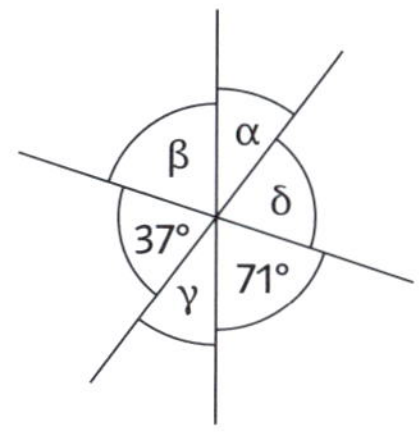

c)

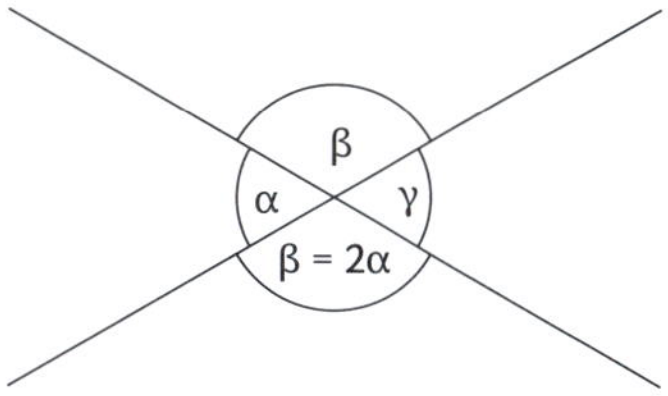

2

Zeichne zwei Geraden, die sich unter dem Winkel $\alpha = 133°$ schneiden. Markiere die fehlenden Winkel und berechne sie.

3

α und β seien Nebenwinkel.

a) Berechne β für $\alpha = 18°, 55°, 90°, 116°, 163°$.

b) Wie groß ist der Scheitelwinkel von β, wenn $\alpha = 48°$ ist?

4

Stimmen die folgenden Sätze? Begründe.

a) Wenn an zwei sich schneidenden Geraden ein Winkel ein rechter ist, dann sind alle Winkel rechte Winkel.

b) Es gibt Nebenwinkel, die nur spitzwinklig sind.

Was kann man über Winkel einer doppelten Geradenkreuzung aussagen?

Merke: *Schneidet eine Gerade zwei Parallelen, spricht man von einer Doppelkreuzung.*

Schneidet eine Gerade zwei Parallelen, so entstehen acht Winkel. Dabei gibt es interessante Beziehungen zwischen Winkelpaaren, die keinen gemeinsamen Scheitelpunkt haben.

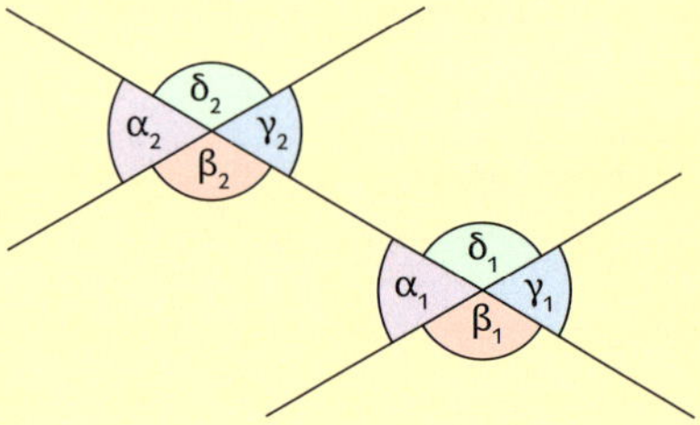

Stufenwinkel *liegen auf derselben Seite der schneidenden Geraden.*

Es gilt:
Stufenwinkel sind gleich groß.

Es gilt:
$\alpha_1 = \alpha_2$, $\beta_1 = \beta_2$, $\gamma_1 = \gamma_2$ und $\delta_1 = \delta_2$.

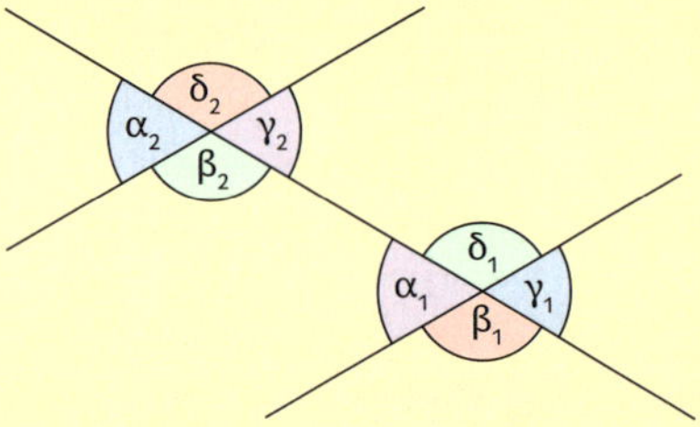

Wechselwinkel *liegen auf verschiedenen Seiten der schneidenden Geraden.*

Es gilt:
Wechselwinkel sind gleich groß.

Es gilt:
$\alpha_1 = \gamma_2$, $\beta_1 = \delta_2$, $\gamma_1 = \alpha_2$ und $\delta_1 = \beta_2$.

Diese zwei Sätze sind eigentlich Behauptungen oder Folgerungen, die man mathematisch streng genommen erst beweisen muss.
Eine Begründung für den Stufen- und Wechselwinkelsatz ist jedoch nicht schwer, sie folgt aus der Definition der Scheitel- und Nebenwinkel.

Begründung:
Da die beiden Geraden parallel sind, kann man den Winkel α_1 durch eine Parallelverschiebung auf α_2 abbilden. Damit gilt $\alpha_1 = \alpha_2$.
$\alpha_1 = \gamma_1$, da beide als Scheitelwinkel gleich groß sind. Nun wird γ_1 durch eine Parallelverschiebung auf γ_2 abgebildet, also gilt $\alpha_1 = \gamma_1 = \gamma_2$.

Beispiel:
Gegeben sind zwei Parallelen und eine Gerade, die die Parallelen schneidet. Berechne die fehlenden Winkel.

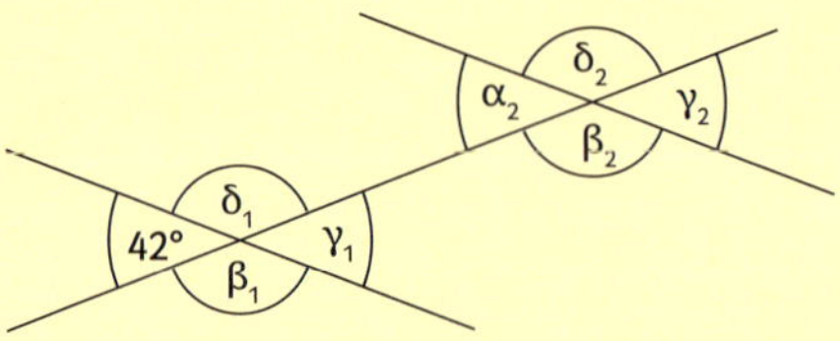

α_1 und α_2 sind Stufenwinkel, also gilt $\alpha_1 = \alpha_2 = 42°$. β_1 und δ_1 sind Nebenwinkel zu α_1, also gilt:
$\beta_1 = \delta_1 = 180° - 42° = 138°$. α_1 und γ_1 sind Scheitelwinkel, also gilt $\alpha_1 = \gamma_1 = 42°$.

5

Die Geraden g und h sind parallel. Berechne die fehlenden Winkel für

a) $\alpha_2 = 58°$,
b) $\beta_1 = 117°$,
c) $\delta_2 = 150°$.

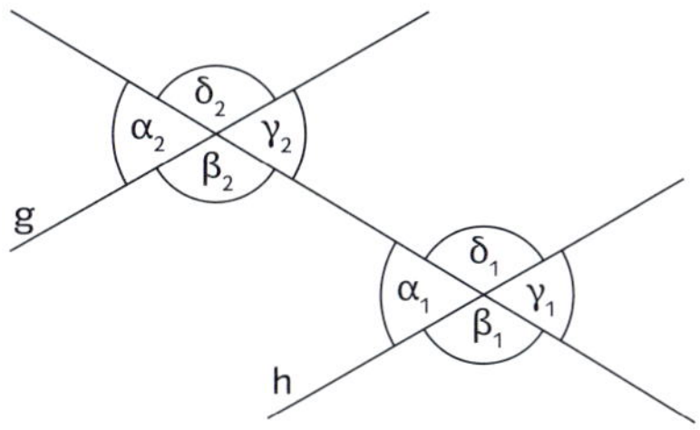

6

Zeichne zwei parallele Geraden im Abstand von 3 cm und eine Gerade so, dass gilt:

a) $\alpha_1 = 64°$ b) $\beta_2 = 147°$ c) $\delta_1 = 123°$

7

Zeichne nebenstehende Figur mit dem Winkel β ab.
Markiere gleich große Winkel und berechne ihre Größe.

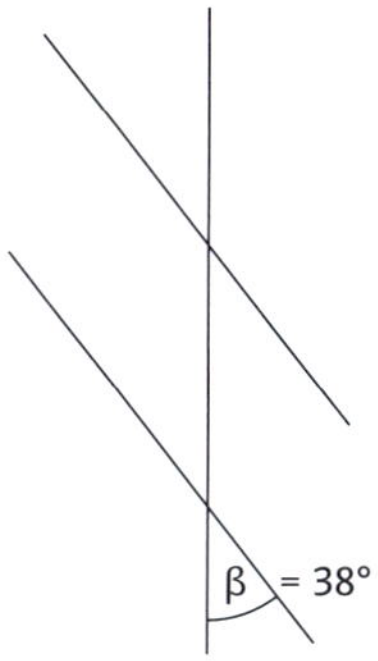

8

Gegeben ist ein Parallelogramm ABCD mit der Diagonalen $\overline{AC}$.

a) Welche Winkel sind gleich groß? Begründe.
b) Zeichne das Parallelogramm mit $\overline{AB} = 4$ cm, ∢BAD = 80° und $\overline{BC} = 3$ cm. Füge die Diagonale $\overline{AC}$ ein. Miss α_1 und berechne die übrigen Winkel.

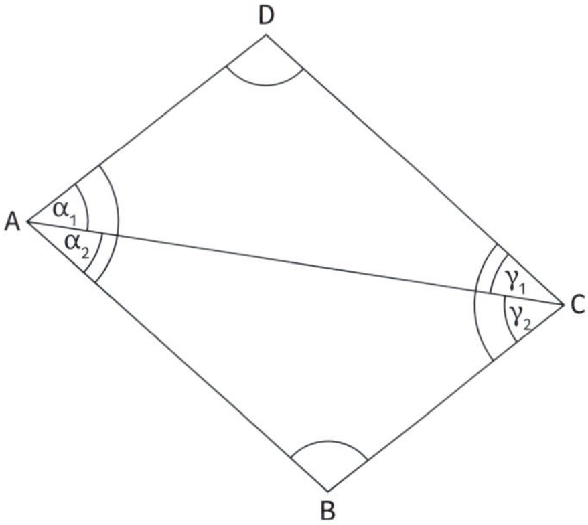

5.2 Winkelsumme in Dreiecken

Mithilfe der Sätze über Winkel an Geradenkreuzungen machst du an Dreiecken deine ersten geometrischen Entdeckungen. Diese Erkenntnisse kannst du dann auf Vierecke und teilweise sogar auf beliebige Vielecke übertragen.

Was für Dreiecke gibt es?

Es gibt spitzwinklige, rechtwinklige und stumpfwinklige Dreiecke.

Ein Dreieck ist **spitzwinklig**, wenn jeder der drei Innenwinkel kleiner als 90° ist.

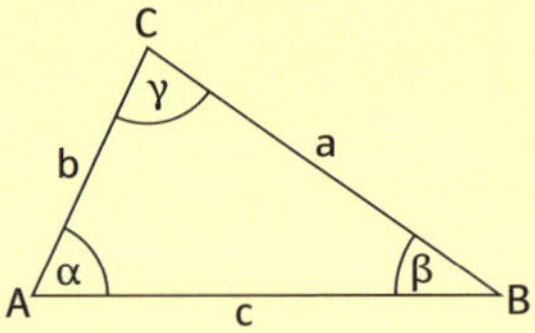

Ein Dreieck ist **rechtwinklig**, wenn ein Innenwinkel genau 90° groß ist.

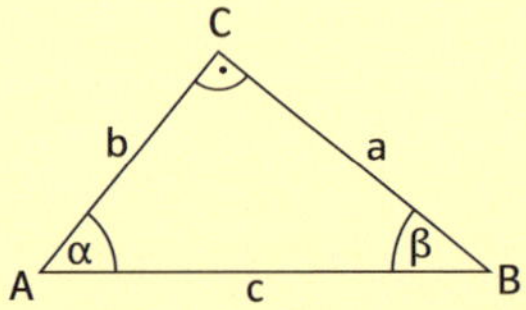

Ein Dreieck ist **stumpfwinklig**, wenn einer der drei Innenwinkel größer als 90° ist.

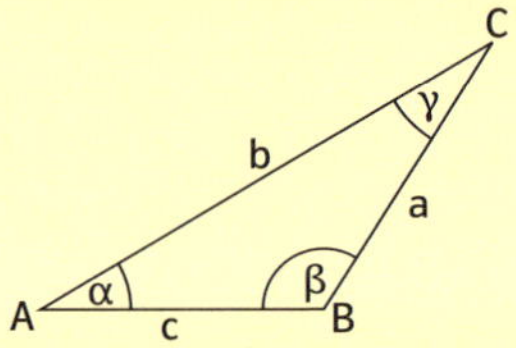

Für alle Dreiecke gilt folgender Satz:

Winkelsummensatz für Dreiecke

In jedem Dreieck beträgt die Summe der Innenwinkel 180°. Somit gilt in einem beliebigen Dreieck ABC: $\alpha + \beta + \gamma = 180°$.

Begründung:
Zeichne eine Parallele zu einer Dreiecksseite durch den gegenüberliegenden Punkt. Nach dem Wechselwinkelsatz gilt $\alpha_1 = \alpha_2$ und $\beta_1 = \beta_2$. Damit gilt $\alpha_1 + \beta_1 + \gamma_1 = 180°$.

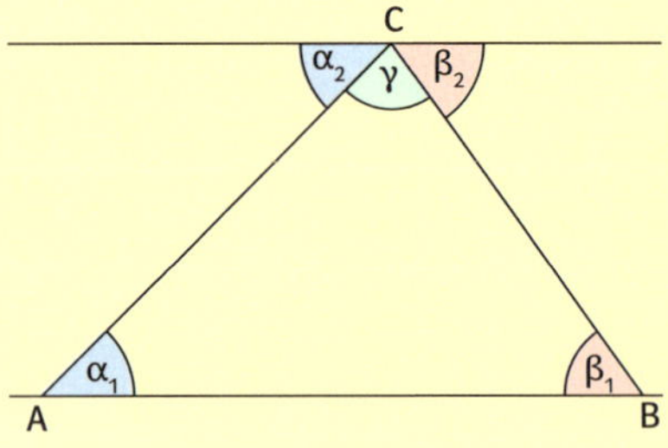

1

Berechne den fehlenden Innenwinkel des Dreiecks ABC.

a) $\alpha = 32°; \beta = 74°$ b) $\beta = 90°, \gamma = 24°$
c) $\alpha = 73°, \gamma = 59°$ d) $\alpha = \beta = 67°$

2

Entscheide, ob das Dreieck ABC spitzwinklig, rechtwinklig oder stumpfwinklig ist.

a) $\alpha = 12°, \gamma = 54°$ b) $\beta = 63°, \gamma = 27°$
c) $\alpha = \beta = 60°$ d) $\alpha = 57°, \gamma = 53°$

3

Berechne die fehlenden Winkel.

a)

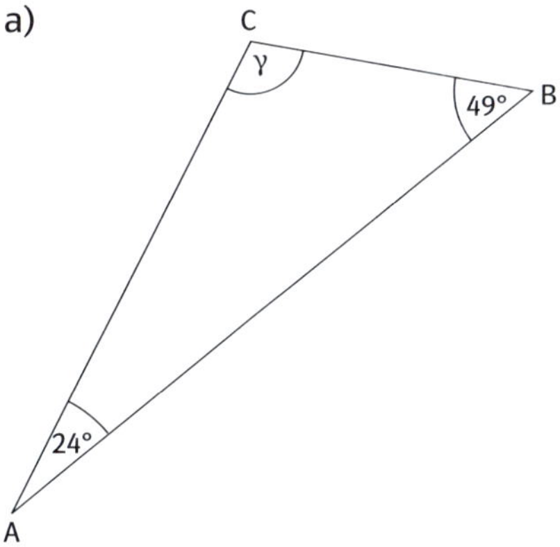

b)

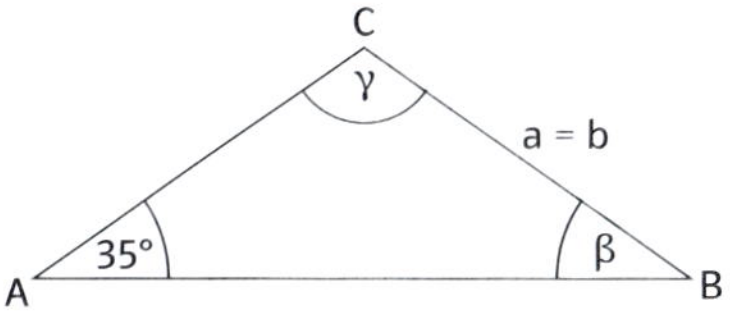

c)

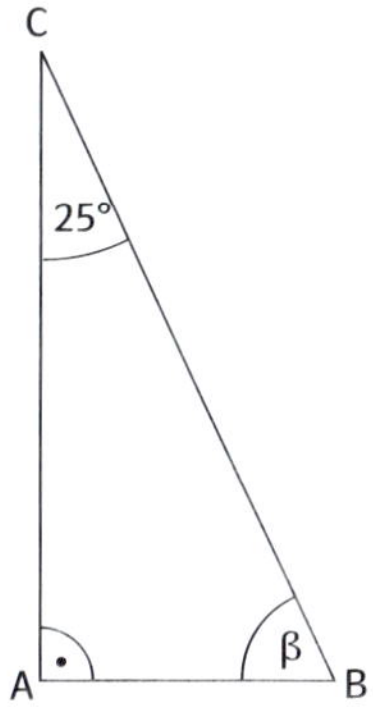

4

In einem Dreieck ABC gilt

a) Der größte Winkel ist mit 96° achtmal so groß wie der kleinste.
b) Zwei Innenwinkel sind gleich groß und zusammen so groß wie der dritte. Berechne die Größen der Innenwinkel.

5

Bestimme den Schnittwinkel der zwei Geraden g und h. Beschreibe, wie du vorgegangen bist.

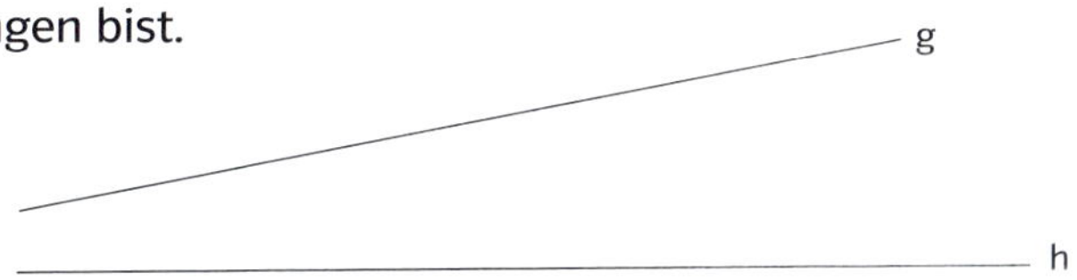

Tipp:
Du kannst zeichnen, messen und den Winkelsummensatz für Dreiecke zu Hilfe nehmen.

5.3 Weitere Entdeckungen an Dreiecken

Die folgenden Sätze gelten für Winkel und Seitenlängen in Dreiecken.

Außenwinkelsatz

In jedem Dreieck ABC heißen die Nebenwinkel der Innenwinkel **Außenwinkel** und es gilt:
Jeder Außenwinkel ist so groß wie die beiden nicht anliegenden Innenwinkel zusammen.

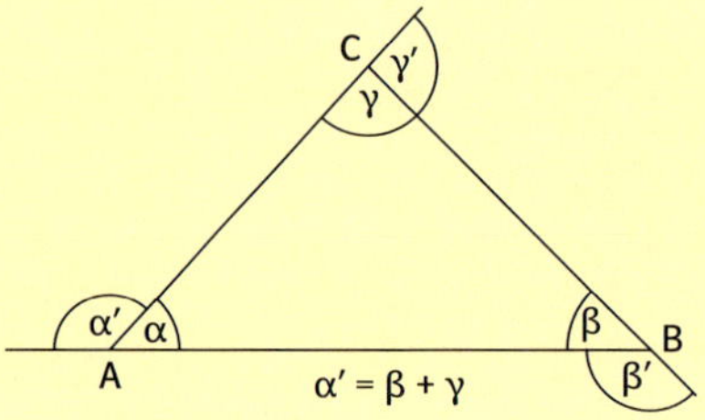

Es gilt weiterhin:
$\alpha' + \beta' + \gamma' = (\beta + \gamma) + (\alpha + \gamma) + (\alpha + \beta) = 2(\alpha + \beta + \gamma) = 2 \cdot 180° = 360°$, also sind alle Außenwinkel zusammen **360°** groß.

Dreiecksungleichung

In jedem Dreieck sind zwei Seiten zusammen länger als die dritte Seite. Insbesondere sind die zwei kürzeren Seiten zusammen länger als die längste Seite.

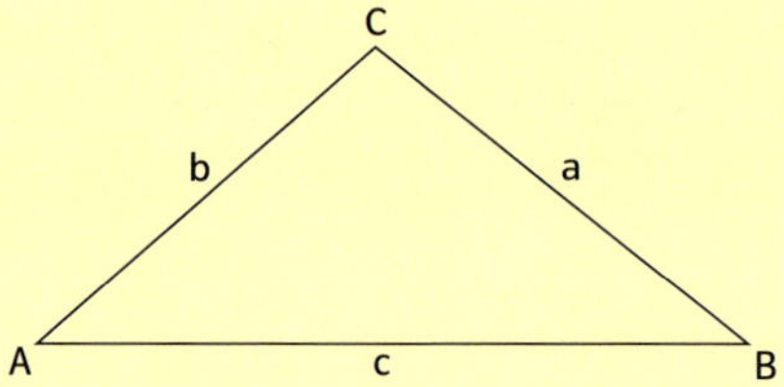

a und b sind die zwei kürzeren Seiten. Es gilt: $a + b > c$

Beachte:
Ist $a + b < c$, dann ergibt sich kein Dreieck.

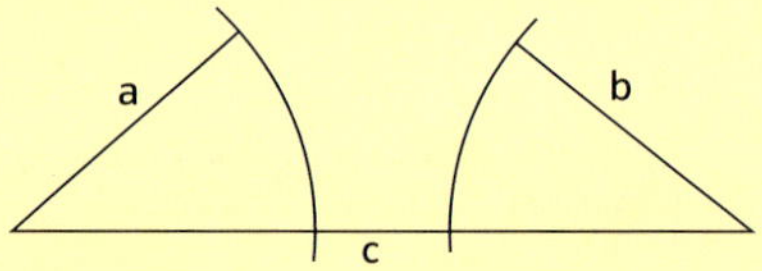

Zusammenhang von Seitenlängen und Winkelgrößen

Der längeren Seite liegt der größere Winkel gegenüber.

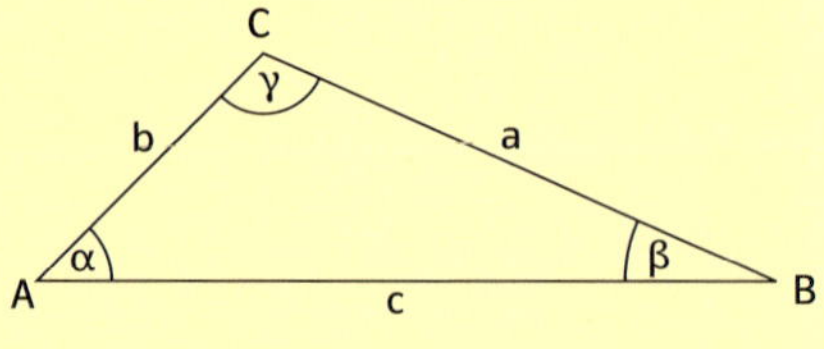

$a > b$, also ist $\alpha > \beta$.

1

Berechne die fehlenden Winkel.

a)

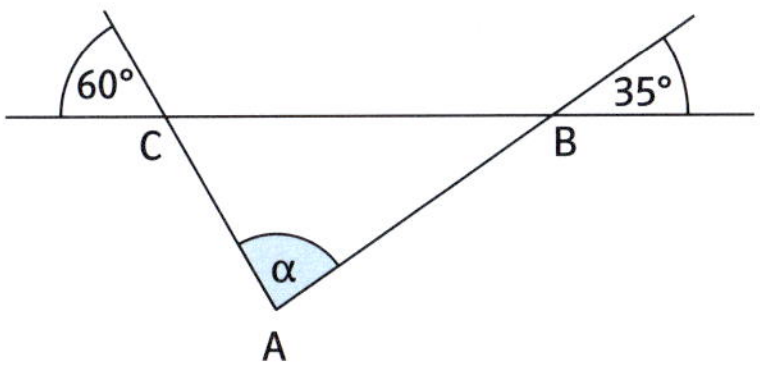

b)

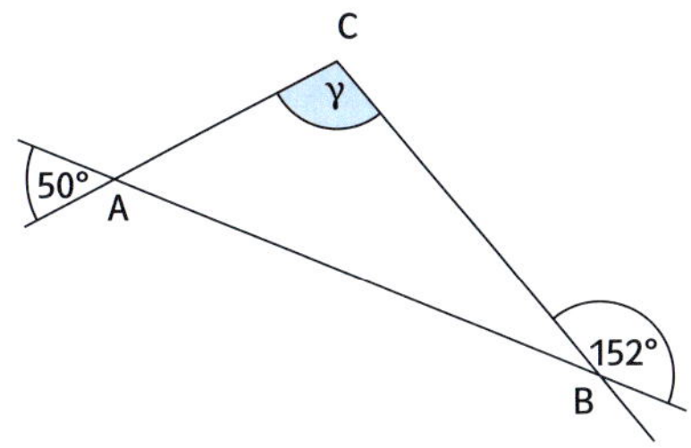

2

Beachte: Hier ist nicht nach der genauen Länge der Seiten gefragt, sondern nur nach den Größenverhältnissen untereinander.

a) Gegeben ist ein Dreieck ABC mit $\alpha = 31°$ und $\gamma = 48°$.
Ordne die Seiten a, b und c nach ihrer Länge. Kontrolliere deine Lösung mit einer Zeichnung.

b) Gegeben ist ein Dreieck ABC mit $\alpha = \frac{1}{2}\gamma$ und $\beta = \frac{3}{4}\gamma$.
Ordne die Seiten a, b und c nach ihrer Länge. Kontrolliere deine Lösung mit einer Zeichnung.

c) Gegeben ist ein Dreieck ABC mit $\beta = 65°$ und $\gamma = 57°$.
Welche Seite ist in diesem Dreieck die kürzeste?

3

In einem Dreieck ABC soll $\alpha < \beta < \gamma$ gelten. Gib mögliche Seitenlängen a, b und c an. Zeichne dein Dreieck zur Kontrolle.

4

Sind die folgenden Aussagen wahr oder falsch? Begründe.

a) In einem Dreieck liegt der kürzeren Seite stets ein spitzer Winkel gegenüber.

b) In einem Dreieck mit $a = b = 5\,cm$ und $\gamma = 45°$ ist $c < 5\,cm$.

c) In einem rechtwinkligen Dreieck liegt dem rechten Winkel die längere Seite gegenüber.

5.4 Winkelsumme in Vierecken und n-Ecken

Mit deinen Kenntnissen über Dreiecke kannst du den Winkelsummensatz für Vierecke und sogar für beliebige Vielecke herleiten.

Jedes beliebige Viereck kann durch eine Diagonale in 2 Dreiecke aufgeteilt werden. Da die Winkelsumme eines beliebigen Dreiecks 180° beträgt, sind die Innenwinkel in einem beliebigen Viereck zusammen $2 \cdot 180°$, also 360° groß. Damit hast du diesen Satz begründet:

Winkelsummensatz für Vierecke

In jedem Viereck beträgt die Summe der vier Innenwinkel genau 360°. Damit gilt in einem beliebigen Viereck ABCD: $\alpha + \beta + \gamma + \delta = 360°$.

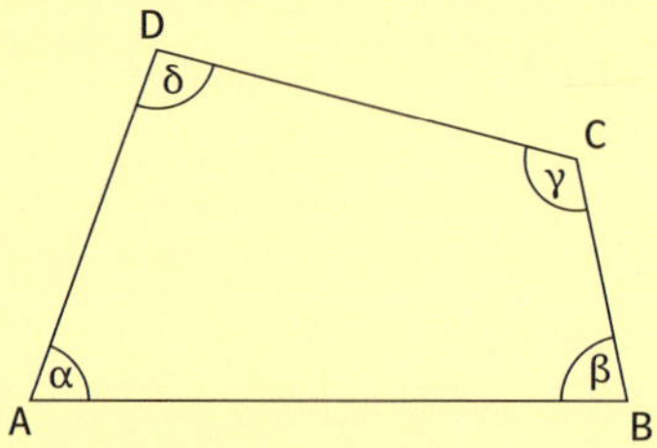

Wie groß ist die Winkelsumme in einem n-Eck?

Merke:
Ein n-Eck ist ein Vieleck mit n Ecken.

Ein Viereck kann, ausgehend von einem Punkt A, durch $4 - 1 - 2 = 1$ Diagonale in $1 + 1 = 2$ Dreiecke zerlegt werden. Seine Innenwinkelsumme beträgt also $\mathbf{2 \cdot 180° = 360°}$.

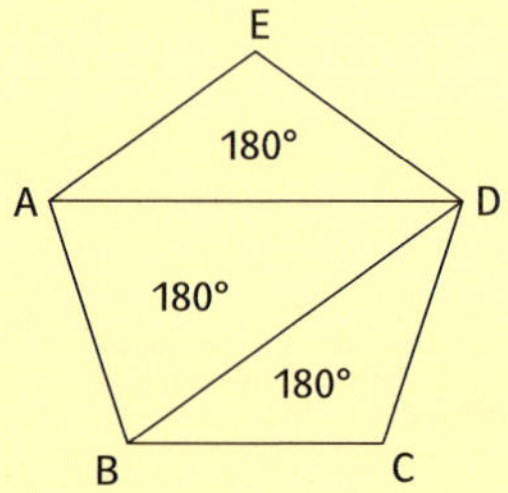

Ein **Fünfeck** kann durch $5 - 1 - 2 = 2$ Diagonalen in $2 + 1 = 3$ Dreiecke zerlegt werden. Seine Innenwinkelsumme beträgt also $\mathbf{3 \cdot 180° = 540°}$.

Ein **Sechseck** kann durch $6 - 1 - 2 = 3$ Diagonalen in $3 + 1 = 4$ Dreiecke zerlegt werden. Seine Innenwinkelsumme beträgt also $\mathbf{4 \cdot 180° = 720°}$.

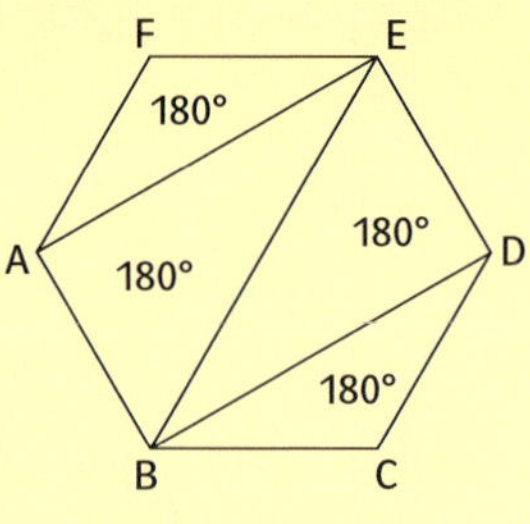

Ein **n-Eck** kann in $n - 1 - 2 = n - 3$ Diagonalen in $n - 3 + 1 = n - 2$ Dreiecke zerlegt werden. Seine Innenwinkelsumme beträgt also $\mathbf{(n - 2) \cdot 180°}$.

Beispiel:
Die Innenwinkelsumme eines 9-Ecks beträgt $(9 - 2) \cdot 180° = 1260°$.

1

Berechne die fehlenden Winkelgrößen.

Tipp: *Beachte die Symmetrie!*

a)

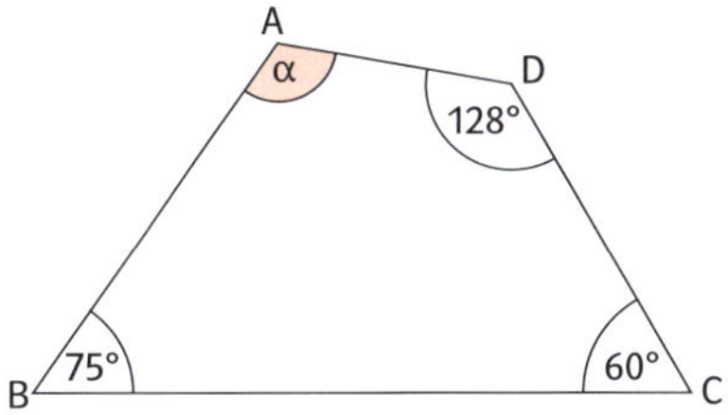

b)

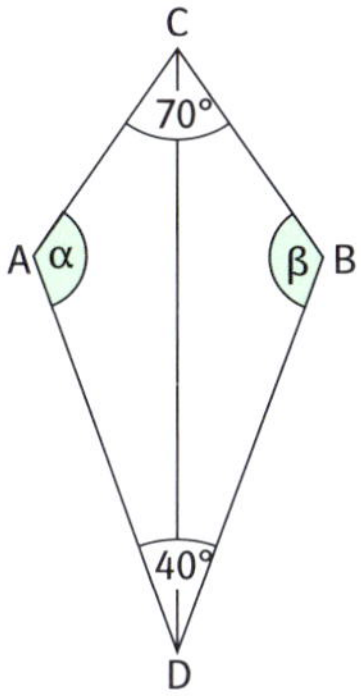

c)

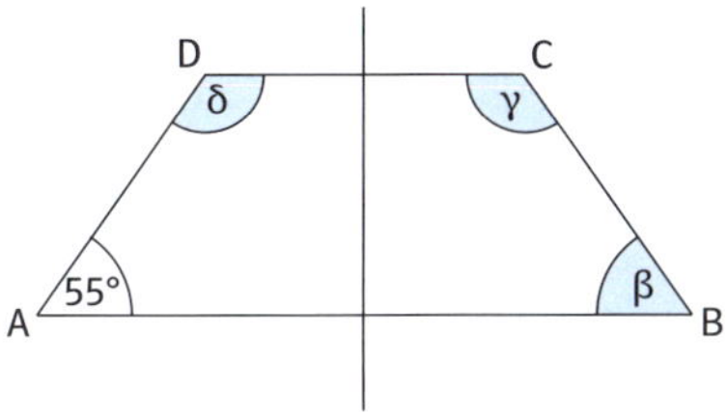

d)

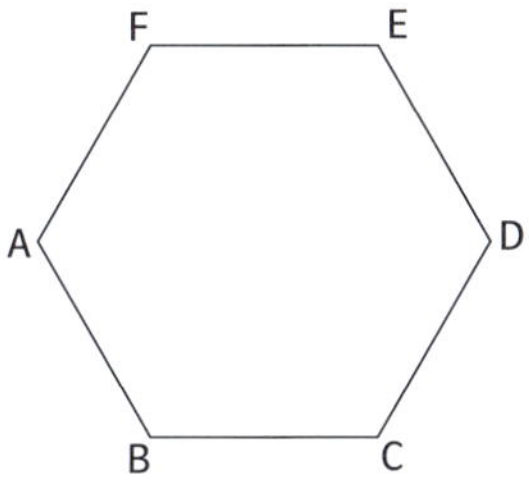

2

Zeichne ein Viereck ABCD, in dem gilt:

a) $\alpha = 40°$, $\beta = 2\alpha$, $\delta = 2\gamma$,　　b) $\alpha = 2\delta$, $\beta = 3\delta$, $\gamma = 4\delta$.

3

Betrachte ein beliebiges Viereck, überlege wie beim Dreieck und begründe.

Für einen überstumpfen Winkel α gilt: *$180° < \alpha < 360°$.*

a) Wie viele spitze Winkel hat ein Viereck mindestens, wie viele hat es höchstens?
b) Wie viele rechte Winkel kann ein Viereck haben?
c) Wie viele stumpfe Winkel hat ein Viereck mindestens, wie viele hat es höchstens?
d) Wie viele überstumpfe Winkel hat ein Viereck mindestens, wie viele hat es höchstens?

4

Kann es ein n-Eck mit dieser Winkelsumme geben?

a) 500°　　b) 900°　　c) 1360°

Begründe deine Antwort.

5.5 Besondere Dreiecke

Unter den Dreiecken gibt es zwei mit besonderen Eigenschaften, die gleichseitigen und die gleichschenkligen Dreiecke. Präge dir diese Eigenschaften gut ein, du wirst sie beim Begründen anwenden müssen.

Was sind gleichseitige Dreiecke?

Ein Dreieck, bei dem alle Seiten gleich lang sind, heißt **gleichseitiges** Dreieck.
In einem gleichseitigen Dreieck ist jeder Innenwinkel **60°** groß.
Jedes gleichseitige Dreieck ist auch ein gleichschenkliges Dreieck.

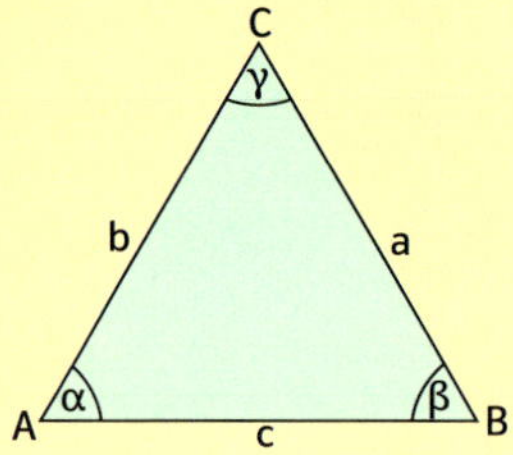

$a = b = c$ und $\alpha = \beta = \gamma = 60°$

Was sind gleichschenklige Dreiecke?

Bei einem **gleichschenkligen** Dreieck sind zwei Seiten (Schenkel) gleich lang. Die beiden gleich langen Seiten heißen **Schenkel**, die dritte Seite heißt Basis. Die beiden der **Basis** anliegenden Winkel heißen **Basiswinkel**.

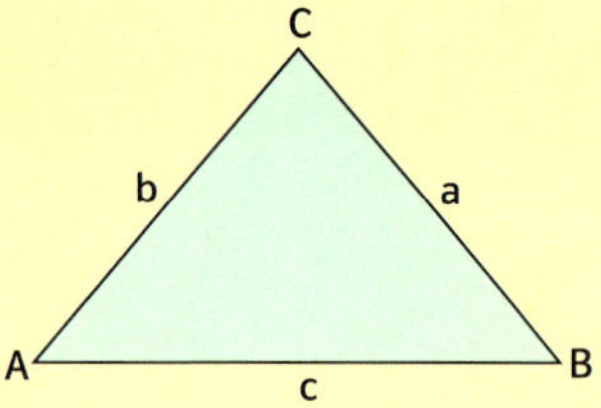

$a = b$

In einem gleichschenkligen Dreieck gelten der Basiswinkelsatz und seine Umkehrung

In einem gleichschenkligen Dreieck sind die Basiswinkel gleich groß.
Umgekehrt gilt auch: Sind in einem Dreieck zwei Winkel gleich groß, ist das Dreieck gleichschenklig.

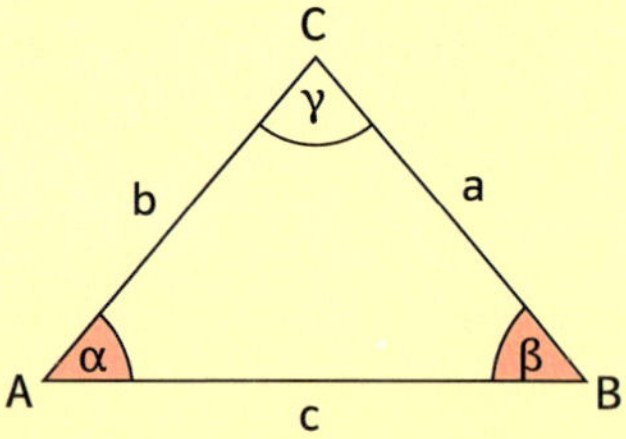

$\alpha = \beta$

1

Konstruiere mit Zirkel und Lineal gleichschenklige Dreiecke mit

a) $c = 5\,cm$; $\alpha = \beta = 55°$ und

b) $a = 4{,}5\,cm$; $\beta = \gamma = 45°$. Was ist besonders an diesem Dreieck?

2

Berechne in den gleichschenkligen Dreiecken die fehlenden Winkel.

a)

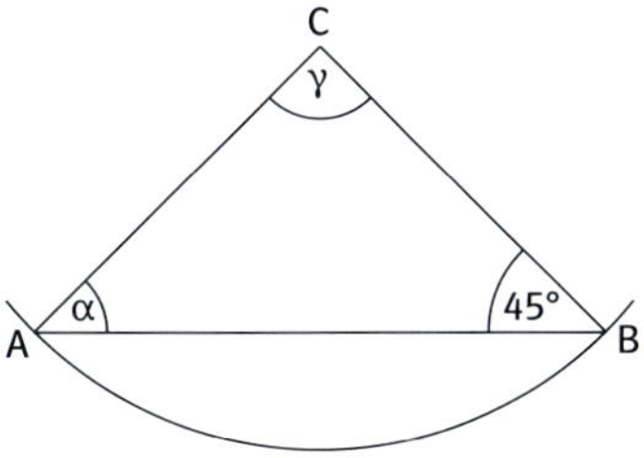

b)

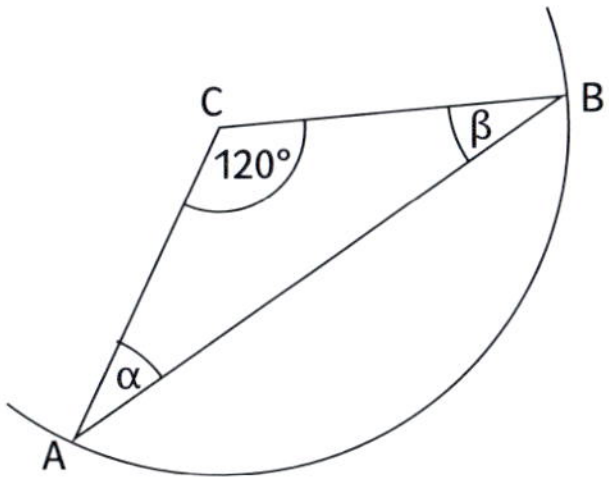

c)

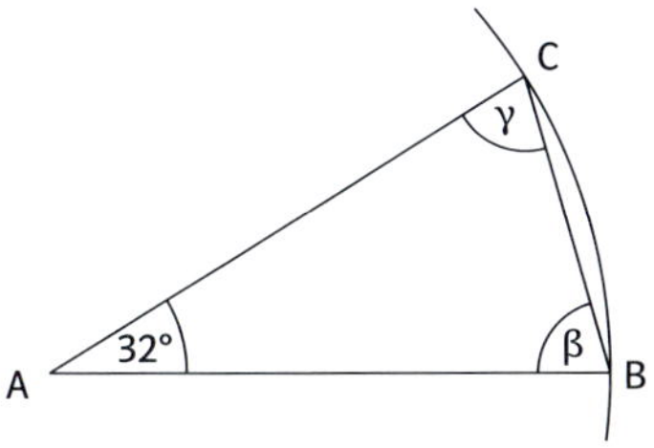

d)

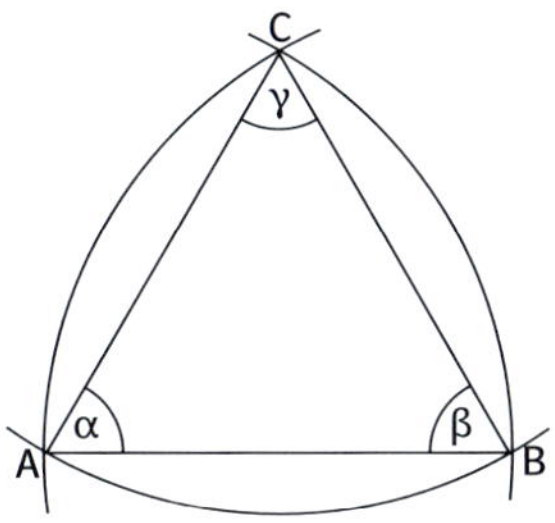

3

In einem Dreieck ABC gilt:

a) $a = c$

b) $\beta = \gamma$

Welche Winkel bzw. Seiten sind gleich groß?

4

Berechne die fehlenden Winkel. Begründe.

a)

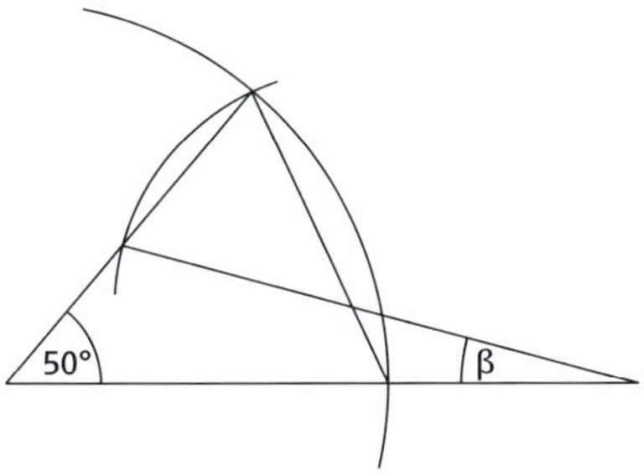

b)

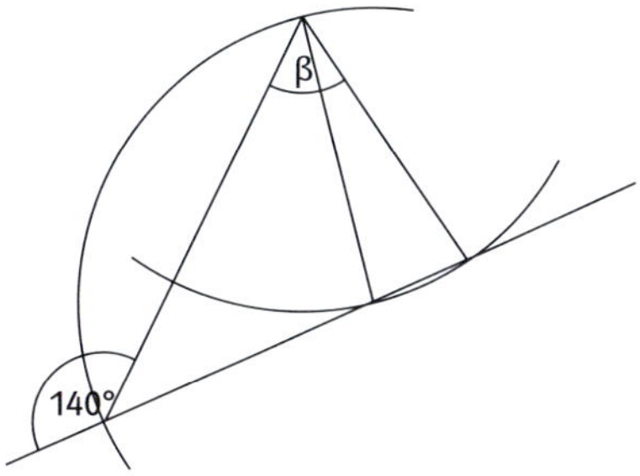

Tipp:
An den Kreisbögen erkennst du gleichschenklige Dreiecke.

5.6 Mittelsenkrechte

Ortslinien spielen in der Geometrie eine wichtige Rolle. Eine Ortslinie kennst du schon, den Kreis. Auf ihm liegen alle Punkte, die von einem gegebenen Punkt den gleichen Abstand haben.

Was ist die Mittelsenkrechte?

Die **Mittelsenkrechte** ist die Ortslinie (der geometrische Ort) aller Punkte, die **von zwei Punkten A und B den gleichen Abstand** haben.
Sie ist orthogonal zur Strecke $\overline{AB}$ und geht durch ihren Mittelpunkt.
Sie ist die **Symmetrieachse** der Strecke $\overline{AB}$.
Ein Punkt P, der nicht auf der Mittelsenkrechten liegt, ist von A und B unterschiedlich weit entfernt.

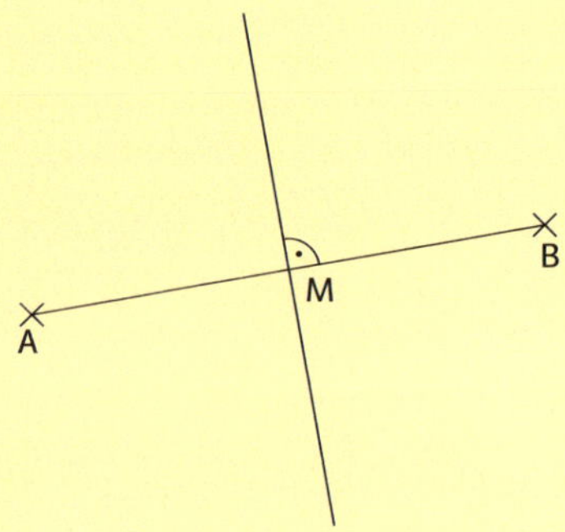

Wie konstruiert man die Mittelsenkrechte?

Konstruieren heißt, nur mit Zirkel und Lineal zu arbeiten.

Du kannst die Mittelsenkrechte **mit dem Geodreieck** zeichnen, indem du die Mitte M der Strecke misst und die Senkrechte durch M zeichnest.

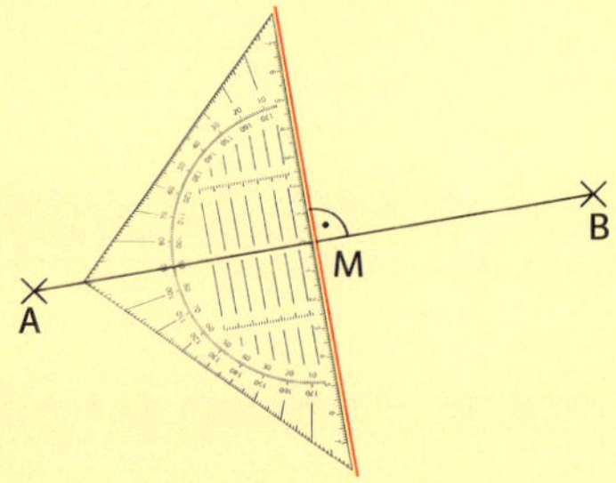

Die **Konstruktion** der Mittelsenkrechten **mit Zirkel und Lineal** geht so:

1. Zeichne um A und B zwei Kreise mit gleichem Radius, die sich schneiden.
2. Zeichne eine Gerade durch diese Schnittpunkte. Die Gerade ist die gesuchte Mittelsenkrechte.

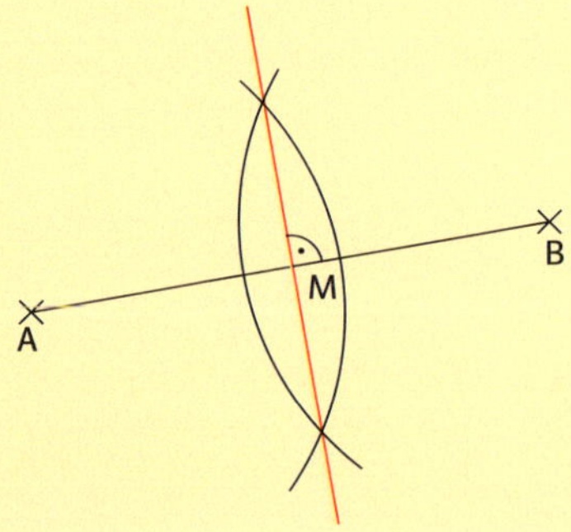

1

Halbiere (viertle) eine Strecke der Länge 13,7 cm. Verwende dazu nur einen Zirkel und ein Lineal.

2

Konstruiere mit Zirkel und Lineal ein Dreieck mit a = 3 cm; b = 5 cm und c = 6 cm. Konstruiere die Höhen und berechne den Flächeninhalt des Dreiecks.

3

Zeichne ein Quadrat mit der Seitenlänge 4 cm. Konstruiere zu allen Kanten die Mittelsenkrechten. Was fällt dir auf?

4

Die Ortschaften Adorf, Bestadt und Cehausen suchen einen Platz für den neuen Wasserspeicher. Er soll so liegen, dass alle drei Ortschaften gleich gut mit Wasser versorgt werden können.

a) Wo ist der beste Platz für den neuen Wasserspeicher?
b) Wie weit ist der Speicher von der Straße entfernt?

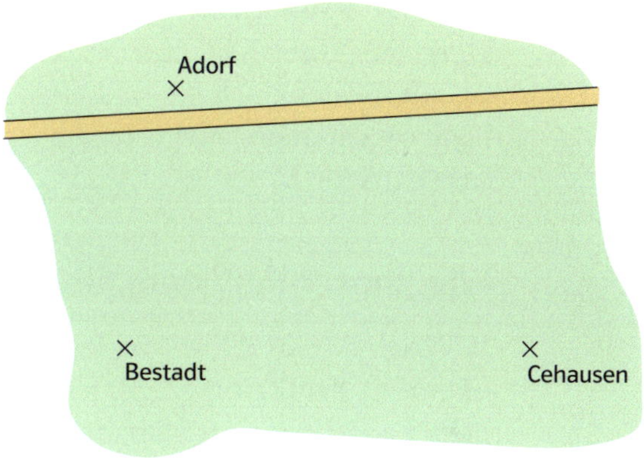

5

Sind zwei Geraden g und h parallel zueinander, dann liegen alle Punkte, die von g und h den gleichen Abstand haben, auf der Mittelparallelen m.

Zeichne die Punkte A(1 | 2), B(5 | −1), C(7 | 5) und D(3 | 8) in ein Koordinatensystem ein.

a) Wo liegen alle Punkte, die von AB und CD den gleichen Abstand haben?
b) Wo liegen alle Punkte, die von der Mitte der Strecke $\overline{AB}$ und dem Punkt D gleich weit entfernt sind?

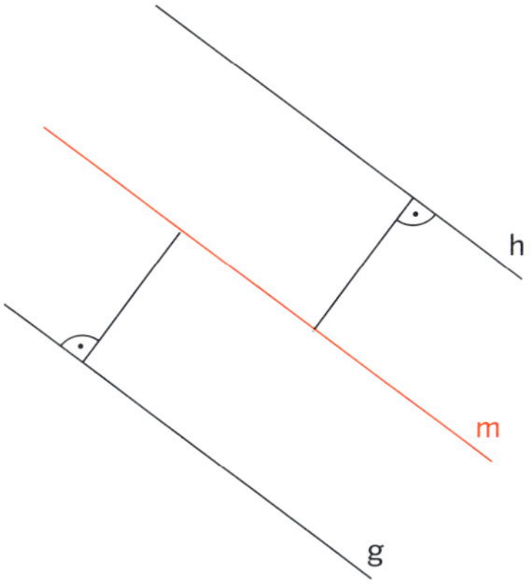

5.7 Winkelhalbierende

Neben der Mittelsenkrechten ist die Winkelhalbierende eine wichtige Ortslinie, die du bei Dreiecken und geometrischen Entdeckungen noch oft brauchen wirst.

Was ist eine Winkelhalbierende?

Gegeben ist ein Winkel α mit dem Scheitelpunkt S. Die Winkelhalbierende w ist die Ortslinie aller Punkte, die **von den beiden Schenkeln den gleichen Abstand** haben.
Die Winkelhalbierende teilt den Winkel α in zwei gleich große Teile.
Ein Punkt P, der nicht auf der Winkelhalbierenden w liegt, ist von den beiden Schenkeln unterschiedlich weit entfernt.

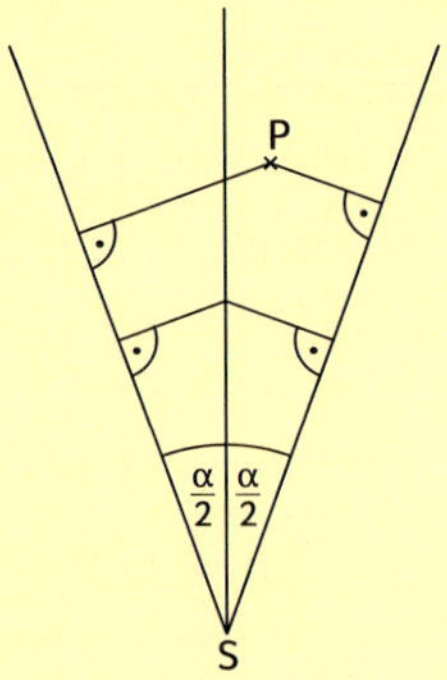

Wie konstruiert man eine Winkelhalbierende?

Du kannst die Winkelhalbierende **mit dem Geodreieck** zeichnen, indem du den Winkel α halbierst.

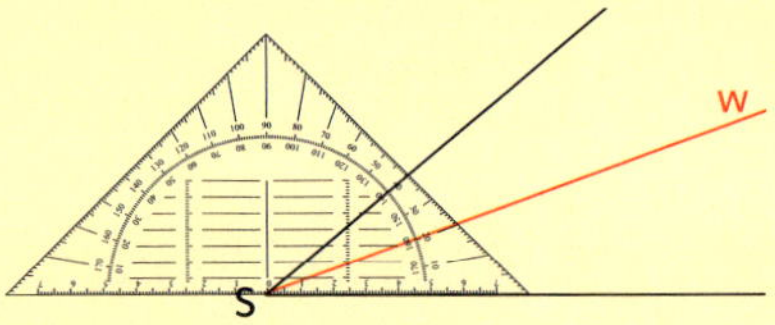

Die **Konstruktion** der Winkelhalbierenden **mit Zirkel und Lineal** geht so:

1. Zeichne um den Scheitelpunkt S einen Kreis, der die beiden Schenkel schneidet und markiere die beiden Schnittpunkte mit A und B.
2. Konstruiere die Mittelsenkrechte der Strecke $\overline{AB}$. Diese Gerade ist die Winkelhalbierende w.

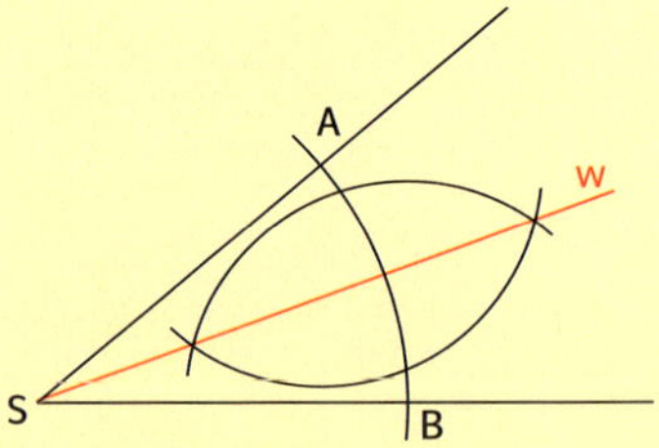

1

a) Zeichne einen Winkel mit $\alpha = 46°$ und konstruiere die Winkelhalbierende.
b) Zeichne einen Winkel mit $\alpha = 140°$ und konstruiere die Winkelhalbierende.

2

Zeichne ein Dreieck ABC mit A(0 | 0), B(6 | 0) und C(4 | 7) in ein Koordinatensystem und konstruiere alle Winkelhalbierenden. Was fällt dir auf?

3

Zeichne in ein Koordinatensystem mit der Längeneinheit 1 cm die Punkte A(0 | 4), B(3 | −1), C(6 | 3) und D(5 | 7).
a) Konstruiere alle Punkte, die von A und B den gleichen Abstand haben.
b) Wo liegen alle Punkte, die von AB und CD den gleichen Abstand haben?
c) Konstruiere alle Punkte, die von AC und AB den gleichen Abstand haben.

4

Zwischen einer Weggabelung im Zoo soll ein kreisrundes Becken gebaut werden, das einen Durchmesser von mindestens 3 m haben soll.
Wo könnte das Becken liegen und wie groß könnte sein Durchmesser höchstens werden?

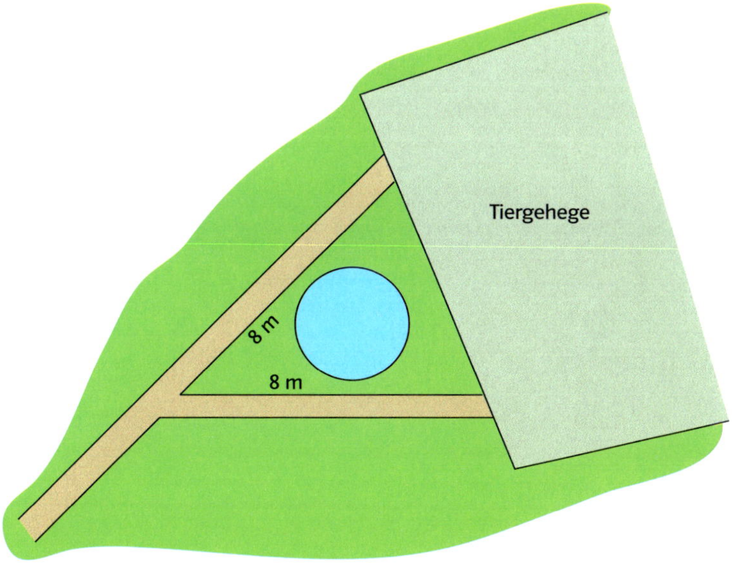

5.8 Besondere Punkte und Linien im Dreieck

In einem Dreieck schneiden sich die Mittelsenkrechten, Winkel- und Seitenhalbierenden in jeweils einem Punkt. Diese Eigenschaften kannst du dir beim Konstruieren zu Nutze machen.

Was ist der Umkreis eines Dreiecks?

Der Kreis, der durch alle drei **Eckpunkte** eines Dreiecks geht, heißt **Umkreis**.
In jedem Dreieck schneiden sich die **Mittelsenkrechten** der drei Dreiecksseiten in einem Punkt, dem **Mittelpunkt des Umkreises**.

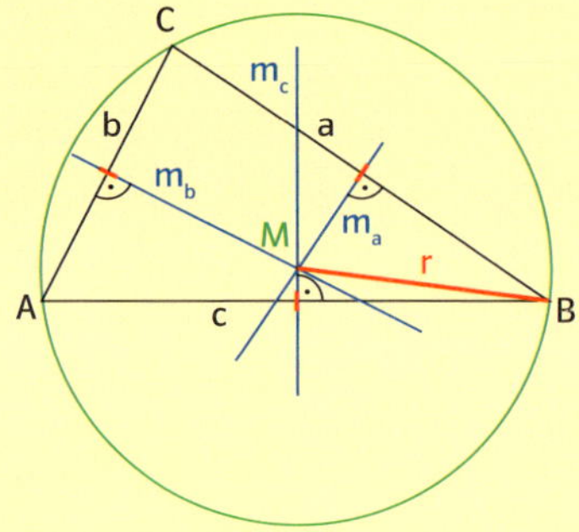

Was ist der Inkreis eines Dreiecks?

Der Kreis, der alle drei Seiten eines Dreiecks **berührt**, also vollständig im Innern des Dreiecks liegt, heißt **Inkreis**.
In jedem Dreieck schneiden sich die drei **Winkelhalbierenden** in einem Punkt, dem **Mittelpunkt des Inkreises**.

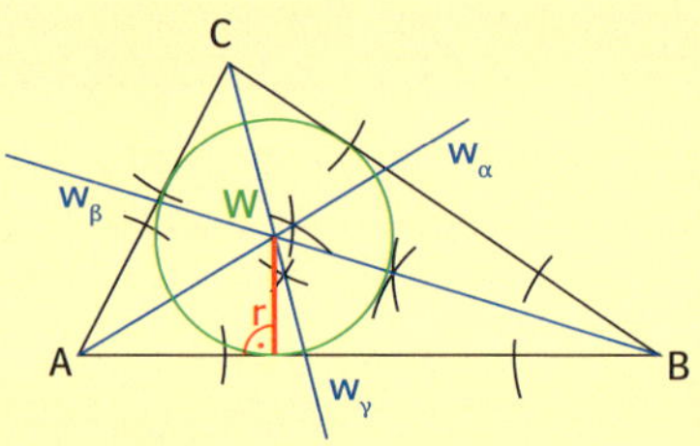

Was ist der Schwerpunkt eines Dreiecks?

In jedem Dreieck schneiden sich die drei Seitenhalbierenden in einem Punkt, dem **Schwerpunkt**.

Beachte:
Der Schwerpunkt eines Dreiecks hat nichts mit dem Um- oder Inkreis zu tun. Aber wenn du ein Dreieck ausschneidest und es auf einer Bleistiftspitze balancieren willst, dann brauchst du den Schwerpunkt dazu.

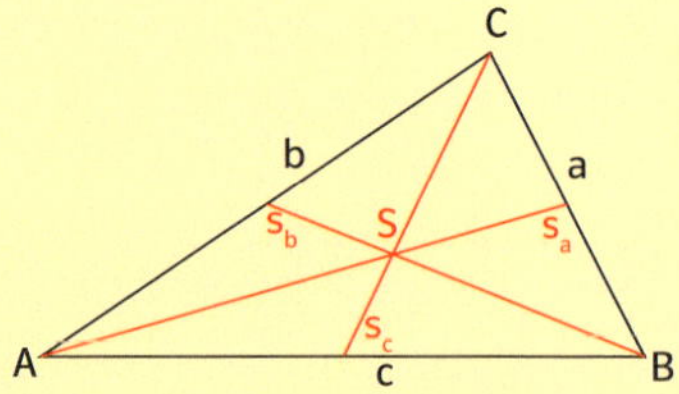

1

Zeichne ein Dreieck ABC und seinen Umkreis. Wo liegt jeweils der Umkreismittelpunkt?

a) $c = 5\,cm$; $\alpha = 40°$; $\beta = 90°$

b) $\overline{AB} = \overline{BC} = \overline{AC} = 5\,cm$

c) $\overline{AB} = \overline{BC} = 5\,cm$; $\beta = 90°$

2

Zeichne ein Dreieck mit den folgenden Eigenschaften und seinen Inkreis. Wo liegt der Inkreismittelpunkt?

a) $\overline{AB} = \overline{BC} = \overline{AC} = 5\,cm$

b) $\overline{AB} = 5\,cm$; $\alpha = 45°$; $\beta = 45°$

c) $\overline{AB} = 5\,cm$; $\alpha = 30°$; $\beta = 30°$

3

Zeichne ein Dreieck ABC mit $a = 5\,cm$, $b = 4{,}5\,cm$ und $c = 6\,cm$ und konstruiere seinen Schwerpunkt.

4

Zeichne ein Dreieck mit den Eckpunkten A(0 | 0), B(4,5 | 0) und C(3 | 4,5) in ein Koordinatensystem mit der Längeneinheit 1 cm.

a) Konstruiere den Umkreis und gib die Koordinaten seines Mittelpunktes und seinen Radius r_U an.

b) Konstruiere den Inkreis und gib die Koordinaten seines Mittelpunktes und seinen Radius r_I an.

c) Konstruiere den Schwerpunkt des Dreiecks und gib seine Koordinaten an.

5

Wo muss ein Rasensprenger aufgestellt werden, damit er die Bäume gerade noch sprengt?
Markiere das Gebiet, das von dem Sprenger bewässert wird.

5.9 Satz des Thales

Der griechische Gelehrte Thales von Milet (um etwa 600 v. Chr.) hat versucht, Vorgänge in der Natur nicht mehr den Göttern zuzuschreiben, sondern sie naturwissenschaftlich zu erklären. Nach ihm ist ein mathematischer Satz benannt, der zwar schon länger bekannt war, zu dem Thales aber eine Begründung erbrachte.

Was ist der Satz des Thales?

Wenn der Punkt C eines Dreiecks auf einem Halbkreis über der Strecke $\overline{AB}$, dem so genannten Thaleskreis liegt, dann hat das Dreieck bei C einen rechten Winkel und es gilt $\gamma = 90°$.

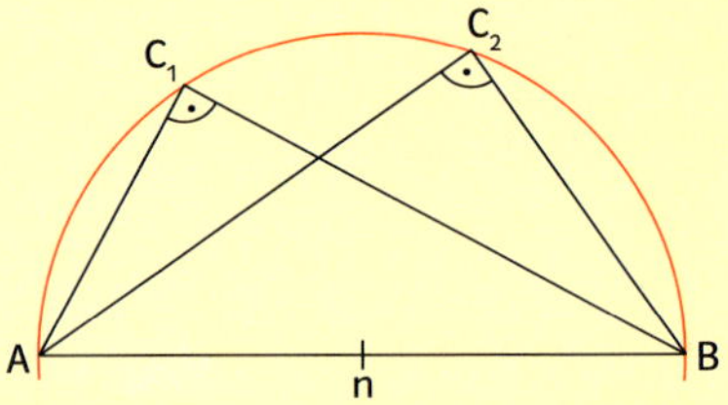

Umkehrung des Satzes von Thales

Ist das Dreieck ABC rechtwinklig mit $\gamma = 90°$, dann liegt C auf einem Thaleskreis über der Strecke $\overline{AB}$.

Wozu kann ich den Thaleskreis verwenden?

1. Konstruktion eines rechten Winkels

Beispiel:

Zeichne die Strecke $\overline{AB}$.
Zeichne den Thaleskreis und wähle einen Punkt C auf der Kreisline. Verbinde die Punkte A und B mit C.

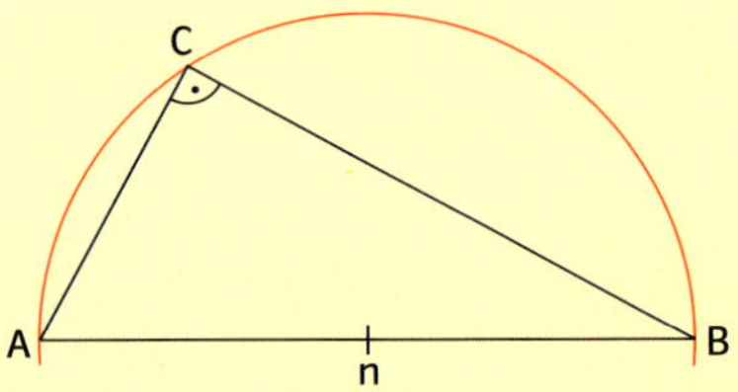

2. Konstruktion der Tangenten an einen Kreis

Beispiel:

Verbinde einen Punkt P außerhalb des Kreises mit dessen Mittelpunkt M und zeichne den Thaleskreis über der Strecke $\overline{PM}$. Verbinde P mit den Schnittpunkten der Kreise. Das sind die gesuchten Tangenten t_1 und t_2.

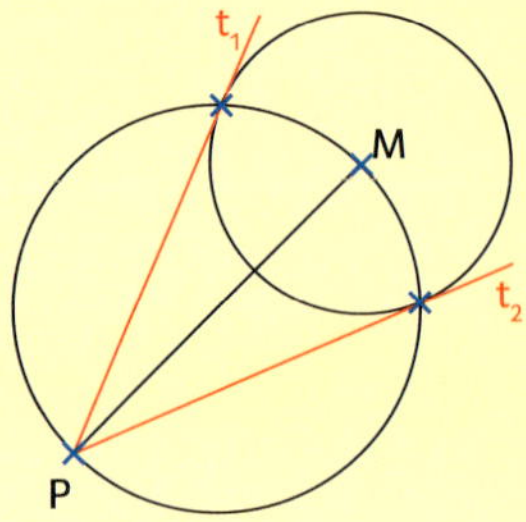

1

Konstruiere aus den gegebenen Stücken jeweils ein rechtwinkliges Dreieck ABC.

a) $c = 5\,cm$; $\beta = 50°$; $\gamma = 90°$

b) $a = 6\,cm$; $\alpha = 90°$; $\beta = 50°$

c) $b = 6\,cm$; $\alpha = \gamma = 45°$

2

Gegeben sind eine Gerade g und ein Punkt P, der nicht auf g liegt. Konstruiere mithilfe des Thalessatzes die Orthogonale zu g durch P.

3

Konstruiere die folgenden Dreiecke ohne die Winkel zu messen. Beschreibe, wie du vorgehen musst.

a) Ein rechtwinkliges Dreieck, bei dem ein weiterer Winkel 45° misst.

b) Ein rechtwinkliges Dreieck, bei dem ein weiterer Winkel 60° misst.

4

Zeichne ein beliebiges Dreieck ABC und konstruiere zu den Seiten $\overline{AB}$ und $\overline{BC}$ den Thaleskreis. Wo schneiden sich diese?

5

Zeichne eine Strecke $\overline{AB} = 5\,cm$ und einen Kreis um A mit $r = 3\,cm$. Konstruiere die Tangenten an den Kreis durch B.

6

Zeichne zwei Kreise mit $r = 3\,cm$ und $r = 2\,cm$, die sich nicht berühren und nicht schneiden. Konstruiere jeweils die zwei Tangenten, die einen Kreis berühren und durch den Mittelpunkt des anderen Kreises gehen.

5.10 Vermischte Aufgaben zum Begründen

Viele geometrische Aufgaben sind als Planfigur gegeben, bei der du ohne Anleitung fehlende Größen bestimmen musst. Deshalb musst du die geometrischen Grundlagen beherrschen. Versuche, die Problemstellung mit System zu bearbeiten.

So kannst du beim Lösen von geometrischen Problemen vorgehen

1. Aufgabenstellung/Problem

Im ersten Schritt geht es um das **Verständnis der Planfigur**.

1. Schau dir die **ganze Planfigur** genau an.
2. Formuliere (am besten in eigenen Worten), was du herausfinden sollst.

↓

2. Mathematische Überlegungen

Im nächsten Schritt ist es wichtig, die Planfigur zu analysieren.

1. Markiere alle gegeben Größen und schreibe sie heraus.
2. Überlege, ob du Scheitel-, Neben-, Stufen- und Wechselwinkel findest.
3. Oft helfen dir die Winkelsummen weiter.
4. Sind in der Planfigur Dreiecke zu finden, untersuche sie auf ihre Eigenschaften, wie z. B. gleichschenklig, rechtwinklig usw.

→

3. Lösung

Stelle die Zusammenhänge zwischen den gefundenen Größen und Eigenschaften her und löse das Problem.

↑

4. Kontrollen

Überprüfe anhand der Aufgabe, ob dein Ergebnis stimmen kann.

↑ (zurück zu 1.)

Beispiel:
Die Winkel α, β und γ sollen berechnet werden.

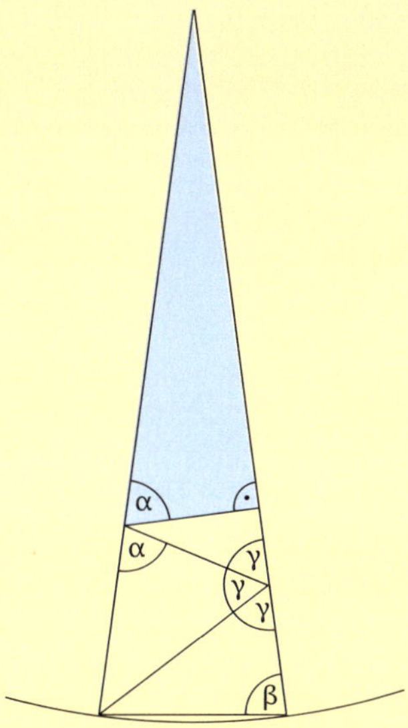

1. Die drei Winkel γ sind zusammen 180° groß, also ist $\gamma = 180° : 3 = \mathbf{60°}$.
2. Das blaue Dreieck ist rechtwinklig. Also ist der dritte Winkel $180° - 90° - 60° = 30°$groß.
3. $2 \cdot \alpha + 30° = 180°$, also gilt: $\alpha = 150° : 2 = \mathbf{75°}$.
4. Der Winkel an der Spitze des großen Dreiecks ist zusammen mit α und dem rechten Winkel 180° groß, also ist der Winkel $180° - 90° - 75° = 15°$.
5. Das große Dreieck ist gleichschenklig. Also gilt: $2 \cdot \beta + 15° = 180°$. Somit ist $\beta = \mathbf{82{,}5°}$ groß.

1

Wie groß sind die Winkel α und β? Begründe.

a)

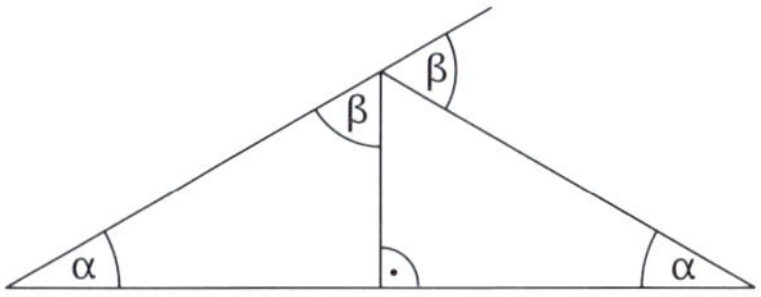

b)

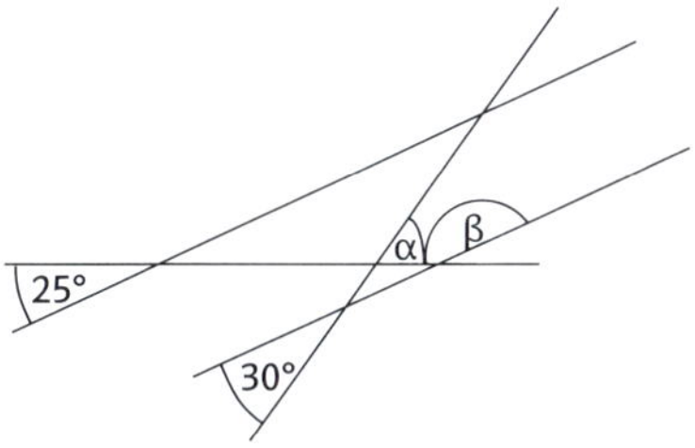

2

Bestimme den Winkel α. Begründe.

a)

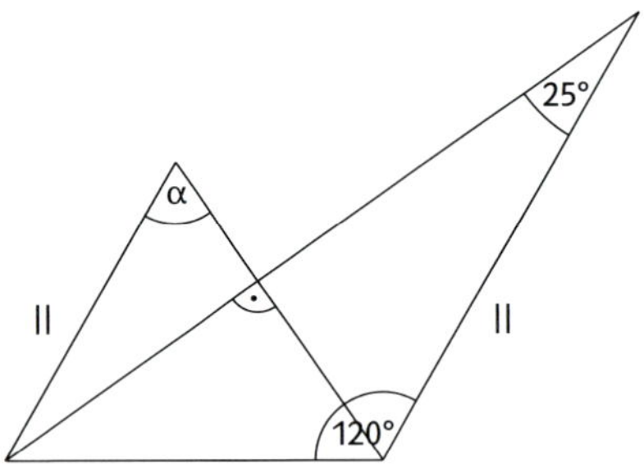

b)

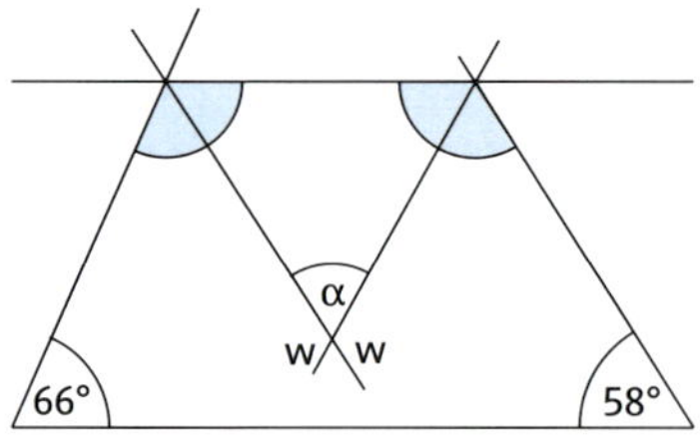

c)

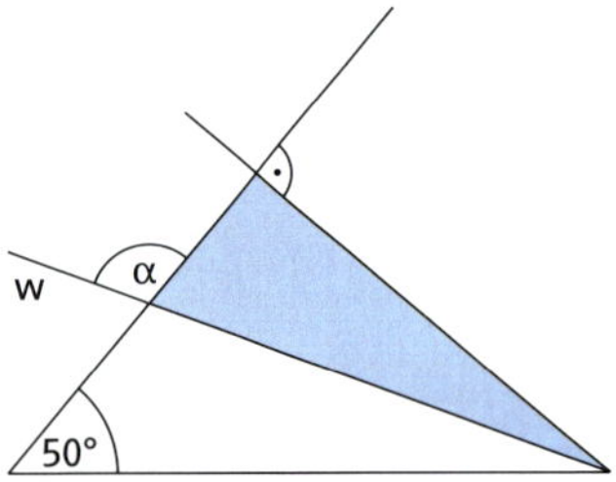

d)

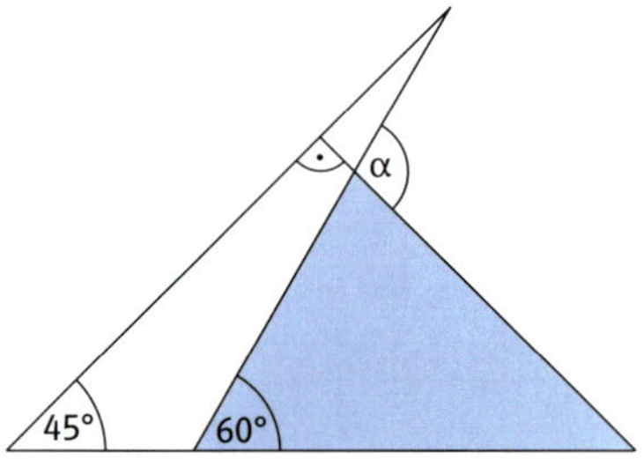

3

Bestimme die Winkel α, β und γ in der Figur. Beschreibe, wie du vorgegangen bist.

a)

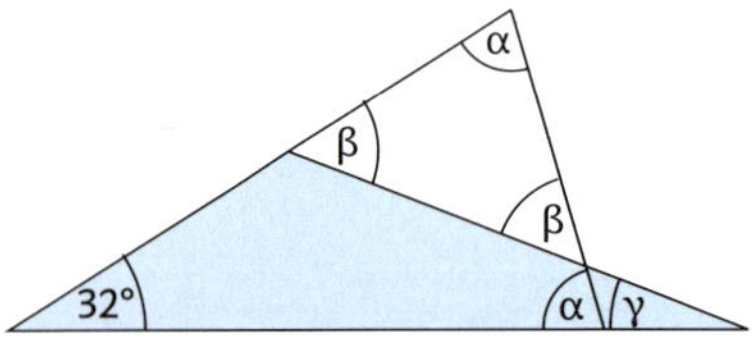

b)

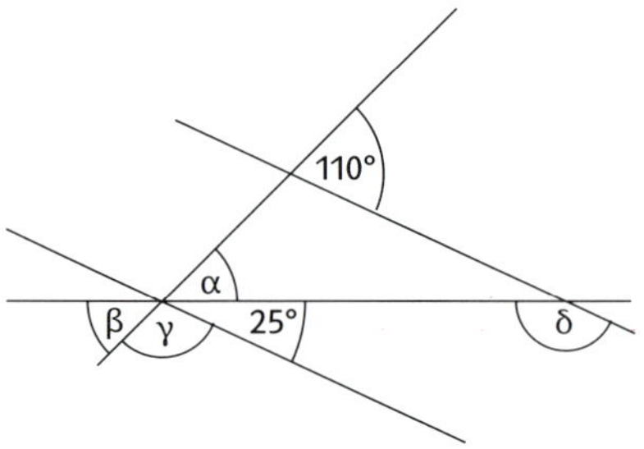

1

Berechne die fehlenden Winkel.

a)

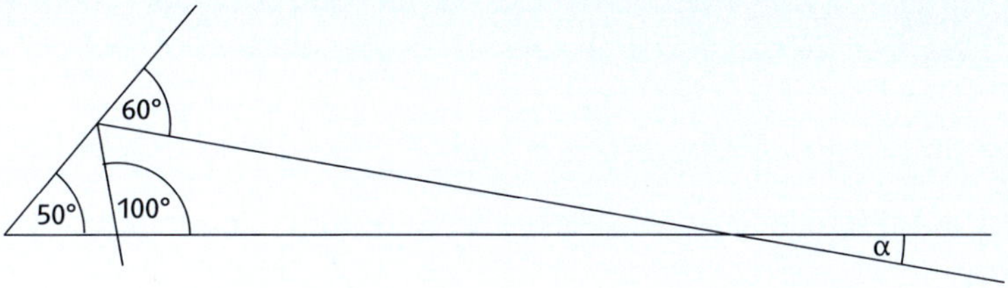

b)

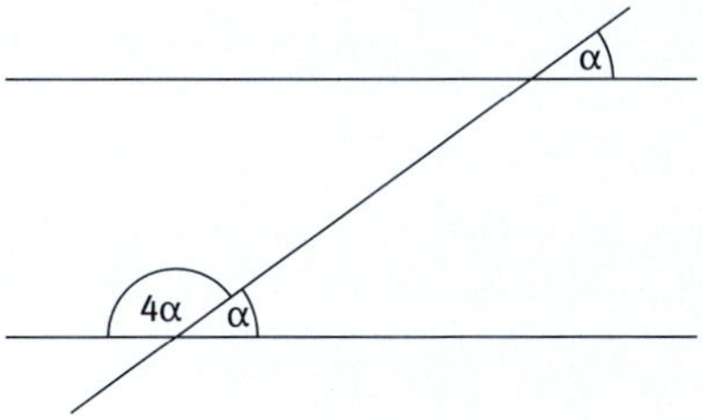

Punkte: max. 4

2

Berechne die Winkel des Dreiecks ABC.

a) $\alpha = 46°;\ \gamma = 67°$

b) $\alpha = 54°;\ \beta = \gamma$

c) $\alpha = 2 \cdot \beta;\ \gamma = \frac{3}{2}\beta$

d) $\gamma = \frac{1}{2}\alpha;\ \alpha = 2\beta$

Punkte: max. 4

3

Berechne die fehlenden Winkel.

a)

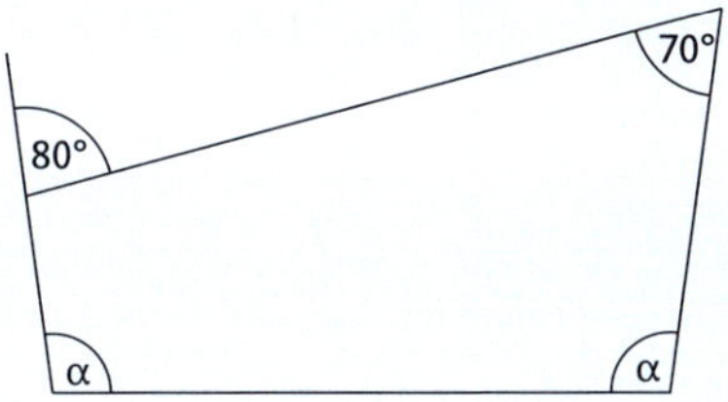

b)

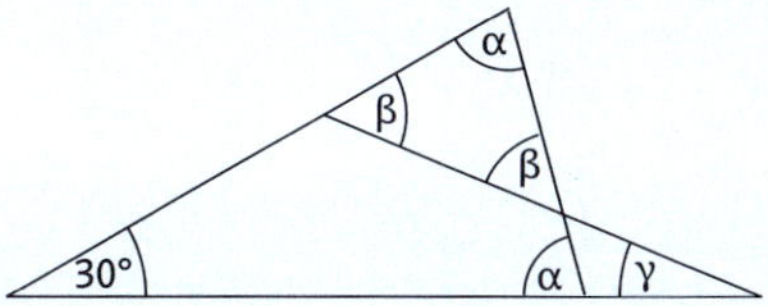

Punkte: max. 4

4

Entscheide, welche Aussagen wahr und welche falsch sind.

a) Es gibt kein rechtwinkliges Dreieck, das gleichschenklig ist.

b) Wenn in einem Dreieck zwei Winkel gleich groß sind, dann ist es gleichschenklig.

c) Bei einem gleichseitigen Dreieck sind alle Außenwinkel gleich groß.

d) Es gibt kein gleichschenkliges Dreieck, das stumpfwinklig ist.

Punkte: max. 4

5

Zeichne ein Dreieck ABC mit c = 6 cm, $\alpha = 35°$ und $\beta = 112°$.

a) Konstruiere den Umkreis des Dreiecks und bestimme seinen Radius.

b) Konstruiere den Inkreis des Dreiecks und bestimme seinen Radius.

Punkte: max. 4

6

Bestimme die fehlenden Winkel. Beschreibe, wie du vorgegangen bist.

a)

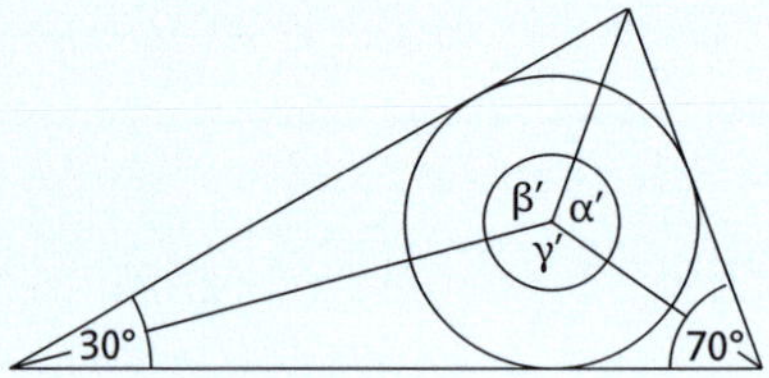

b)

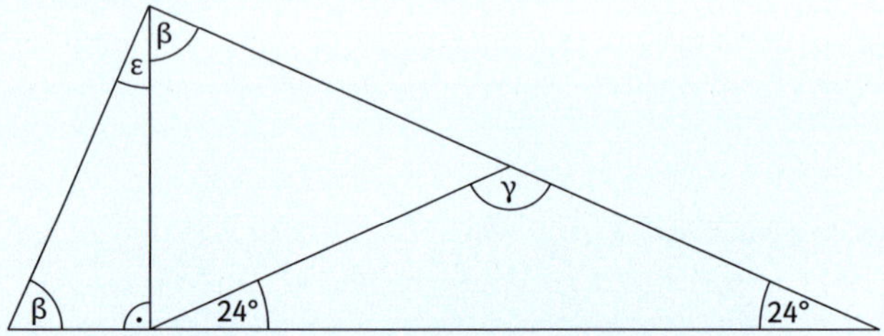

Punkte: max. 4

Gesamtpunkte: max. 24

Aufgaben Nummer	erreichte Punktzahl von (...)	Lernerfolg	Lerneinheit abhaken ✓
1	_____ (4)	Wenn du die volle Punktzahl hast, ist das ein Zeichen dafür, dass du die Winkelbeziehungen verstanden hast.	5.1 5.2
2	_____ (4)	Hast du die Winkel richtig berechnet, kannst du das Kapitel „Winkelsumme in Dreiecken“ abhaken.	5.3
3	_____ (4)	Bei dieser Aufgabe konntest du zeigen, ob du mit Winkelsummen in Vielecken gut zu Recht kommst.	5.4
4	_____ (4)	Hast du richtig entschieden, kennst du dich bei besonderen Dreiecken gut aus. Kapitel 5.5 abhaken.	5.5
5	_____ (4)	Hast du alle Punkte, kannst du das Kapitel „Besondere Linien im Dreieck“ abhaken.	5.8
6	_____ (4)	Bei dieser Aufgabe kannst du zeigen, ob du mit geometrischen Denkaufgaben umgehen kannst.	5.10

19 – 24 Punkte	13 – 18 Punkte	7 – 12 Punkte	0 – 6 Punkte
Prima, du hast dieses Kapitel gut verstanden! Nun kannst du das nächste Kapitel üben.	Das klappt ja schon recht ordentlich! Du kannst vieles recht gut, aber es könnte auch besser sein. Wiederhole die Abschnitte noch einmal, die in deiner Checkliste nicht abgehakt sind.	Einiges hast du schon ganz gut gelöst, insgesamt sind deine Lücken aber noch zu groß. Wiederhole die Abschnitte noch einmal, die in deiner Checkliste nicht abgehakt sind.	Es gibt bei dir noch sehr viele Unsicherheiten. Du musst noch mehr üben! Wiederhole die Abschnitte noch einmal, die in deiner Checkliste nicht abgehakt sind.

6 Kongruenz

6.1 Kongruenzsätze

Bei dem Thema „Kongruenz“ geht es darum, deckungsgleiche Figuren zu konstruieren und Eigenschaften von Figuren zu erkennen und zu begründen. Die Kongruenzsätze sind insbesondere ein Hilfsmittel, um Dreiecke zu konstruieren und um deckungsgleiche Dreiecke zu erkennen.

Was ist Kongruenz?

Zwei Figuren A und B heißen **kongruent** zueinander, wenn sie **deckungsgleich** sind. Das kannst du dir so vorstellen: Kann man die eine Figur ausschneiden und so auf die andere legen, dass beide genau übereinander liegen, dann sind die beiden Figuren kongruent.
Insbesondere sind zwei Vielecke genau dann kongruent, wenn sie in den **Längen entsprechender Seiten** und in den **Größen entsprechender Winkel** übereinstimmen.

Welche Kongruenzsätze gibt es?

Speziell für Dreiecke gibt es vier Sätze, mit denen du einerseits die **Kongruenz** zweier Dreiecke **nachweisen** kannst, mit deren Hilfe du andererseits **Dreiecke** konstruieren kannst.

Zwei Dreiecke sind genau dann kongruent, wenn sie in den folgenden drei Größen übereinstimmen:

(1) In den drei Seiten (**sss**)
(2) In einer Seite und den beiden anliegenden Innenwinkeln (**wsw**)
(3) In zwei Seiten und dem eingeschlossenen Innenwinkel (**sws**)
(4) In zwei Seiten und dem der größeren Seite gegenüberliegenden Innenwinkel (**Ssw**)

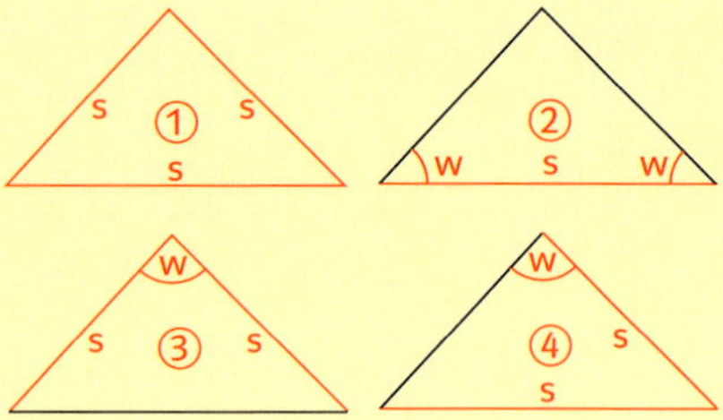

1

Welche Figuren sind kongruent?

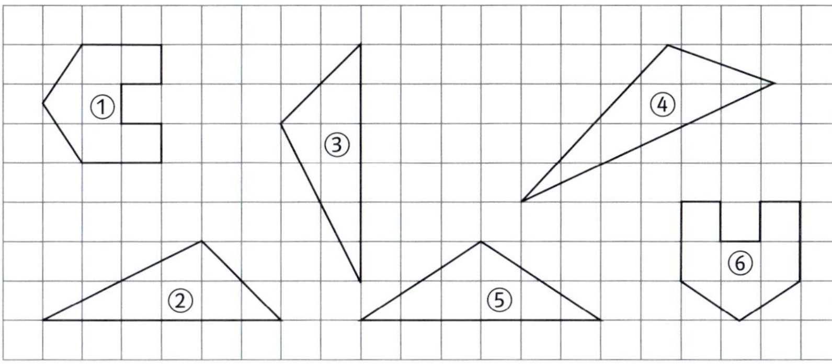

2

Welche der Dreiecke sind kongruent? Begründe.

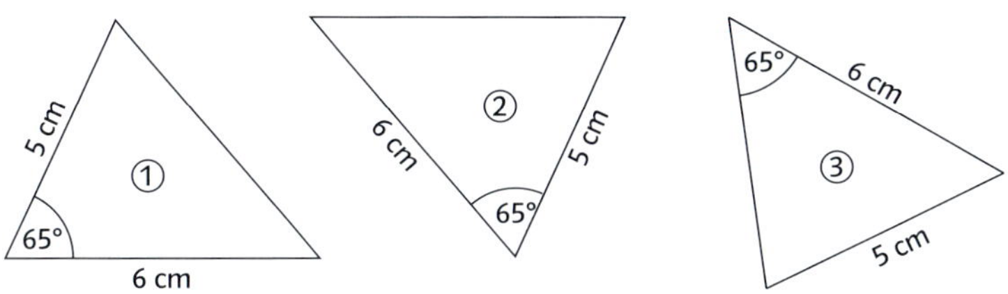

3

Überprüfe mithilfe der Kongruenzsätze, ob die Dreiecke ABC und A′B′C′ kongruent sind.

Tipp: *Mache dir eine Skizze und färbe entsprechende Seiten und Winkel!*

Beispiel: $c = 5\,\text{cm}$; $\alpha = 80°$; $\beta = 55°$ und $c' = 5\,\text{cm}$; $\alpha' = 80°$; $\gamma' = 45°$
Lösung: $c = c'$ ✓ ; $\alpha = \alpha'$ ✓ ; $\beta' = 180° - 80° - 45° = 55° = \beta$ ✓
Nach dem Kongruenzsatz wsw sind diese Dreiecke kongruent.

a) $a = 4\,\text{cm}$; $b = 6\,\text{cm}$; $c = 7\,\text{cm}$ und $a' = 6\,\text{cm}$; $b' = 7\,\text{cm}$, $c' = 4\,\text{cm}$
b) $a = 3\,\text{cm}$; $b = 6\,\text{cm}$; $\gamma = 70°$ und $a' = 3\,\text{cm}$; $b' = 6\,\text{cm}$; $\gamma' = 70°$
c) $a = 5{,}4\,\text{cm}$; $c = 6{,}8\,\text{cm}$; $\gamma = 45°$ und $a' = 5{,}4\,\text{cm}$; $c' = 6{,}8\,\text{cm}$; $\gamma' = 45°$
d) $b = 6\,\text{cm}$, $c = 9\,\text{cm}$, $\beta = 25°$ und $b' = 6\,\text{cm}$, $c' = 9\,\text{cm}$, $\beta' = 25°$

6.2 Dreieckskonstruktionen

Die Kongruenzsätze können dir dabei helfen, Dreiecke zu konstruieren, denn ein Dreieck ist genau dann eindeutig konstruierbar, wenn einer der vier Kongruenzsätze gegeben ist.

So konstruierst du ein Dreieck aus drei Seiten (sss)

Skizze

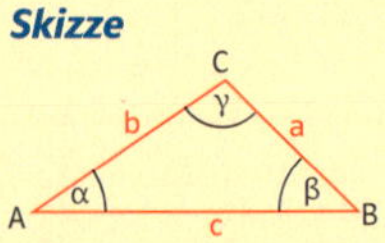

0. Mache eine Skizze und markiere die gegebenen Größen farbig.
1. Zeichne die Strecke c.
2. Zeichne einen Kreis um A mit Radius b und einen Kreis um B mit dem Radius a.
3. Der Schnittpunkt der Kreise ist der Punkt C. Verbinde die Punkte A und B mit C.

Beispiel:
$a = 3\,cm$; $b = 4\,cm$; $c = 5\,cm$

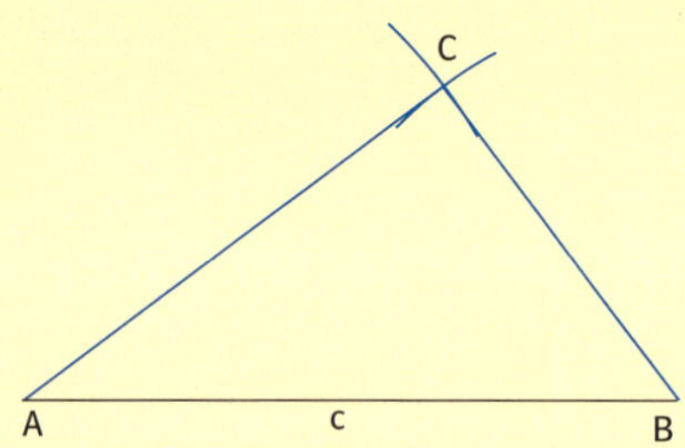

So konstruierst du ein Dreieck aus einer Seite und den beiden anliegenden Innenwinkeln (wsw)

Skizze

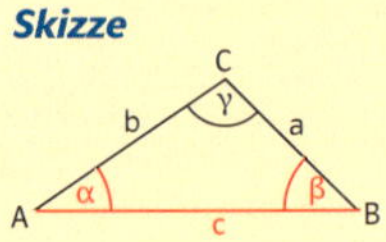

0. Mache eine Skizze und markiere die gegebenen Größen farbig.
1. Zeichne die Strecke c.
2. Zeichne die Winkel α und β.
3. Vervollständige das Dreieck.

Beispiel:
$\alpha = 35°$; $\beta = 50°$; $c = 4\,cm$

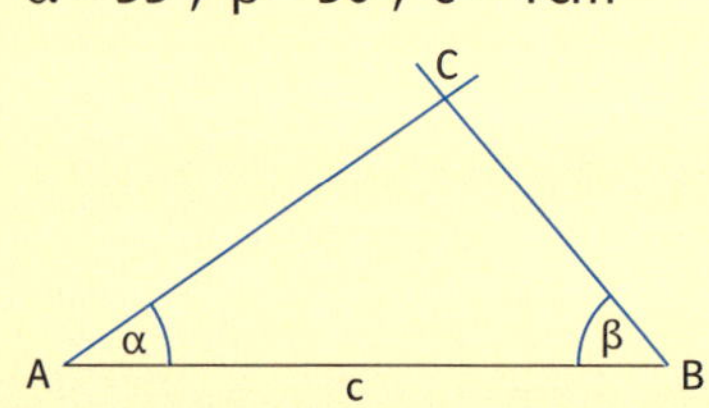

So konstruierst du ein Dreieck aus zwei Seiten und dem eingeschlossenen Winkel (sws)

Skizze

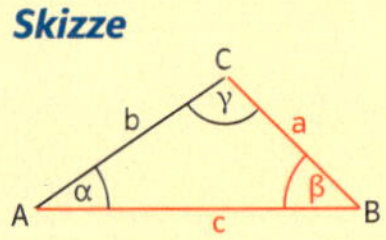

0. Mache eine Skizze und markiere die gegebenen Größen farbig.
1. Zeichne die Strecke c.
2. Zeichne den Winkel β.
3. Zeichne einen Kreis um B mit dem Radius a. Du kannst die Länge a auch abmessen.
4. Verbinde den Punkt A mit C.

Beispiel:
$a = 3\,cm$; $\beta = 40°$; $c = 5\,cm$

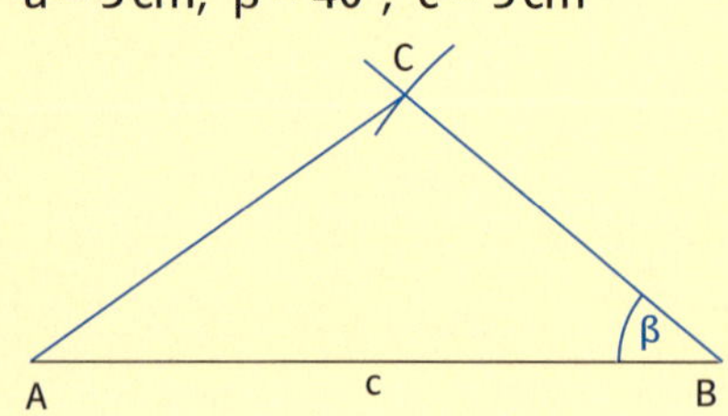

So konstruierst du ein Dreieck aus zwei Seiten und dem der größeren Seite gegenüberliegenden Winkel (Ssw)

0. Mache eine Skizze und markiere die gegebenen Größen farbig.
1. Zeichne den Winkel γ.
2. Zeichne einen Kreis um C mit dem Radius a. Der Schnittpunkt des Kreises mit dem rechten Schenkel ist der Punkt B.
3. Zeichne einen Kreis um B mit dem Radius c.
4. Verbinde den Punkt B mit A und C.

Beispiel:
a = 3 cm; c = 5 cm; γ = 70°

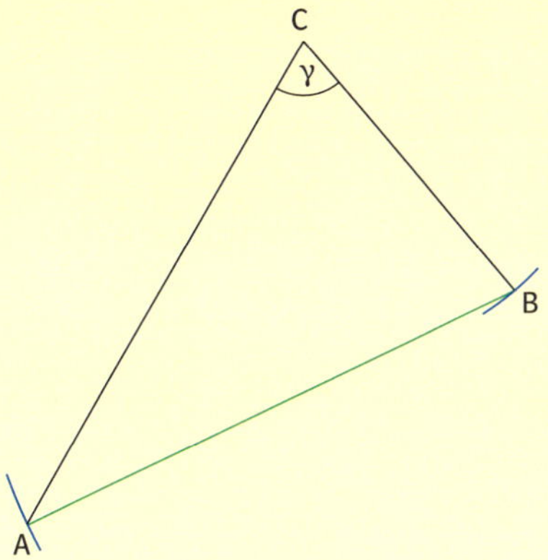

Skizze

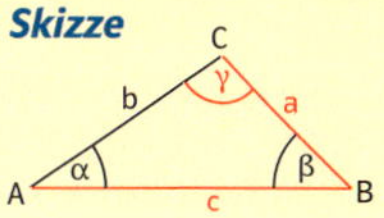

Beachte: Liegt der Winkel der kleineren Seite gegenüber (**sSw**), dann ist diese Konstruktion **nicht eindeutig**!
Beispiel: b = 3 cm; c = 3,5 cm; β = 50°

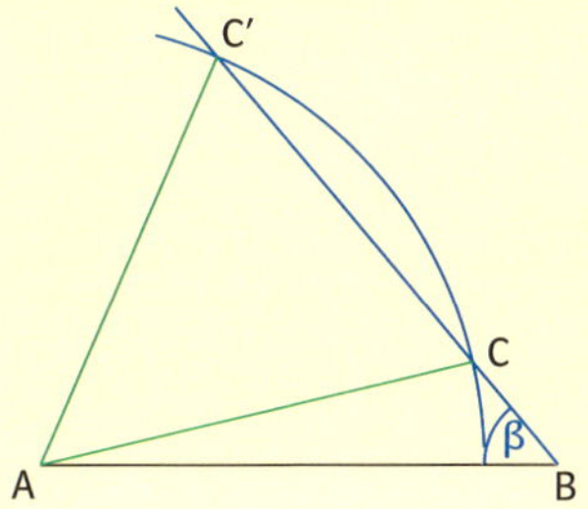

1

Konstruiere die Dreiecke ABC und schreibe die einzelnen Konstruktionsschritte auf.

a) a = 4 cm; b = 6 cm; c = 7 cm
b) a = 3 cm; b = 6 cm; γ = 70°
c) a = 5,4 cm; c = 6,8 cm; γ = 45°
d) b = 6 cm; c = 9 cm; β = 25°

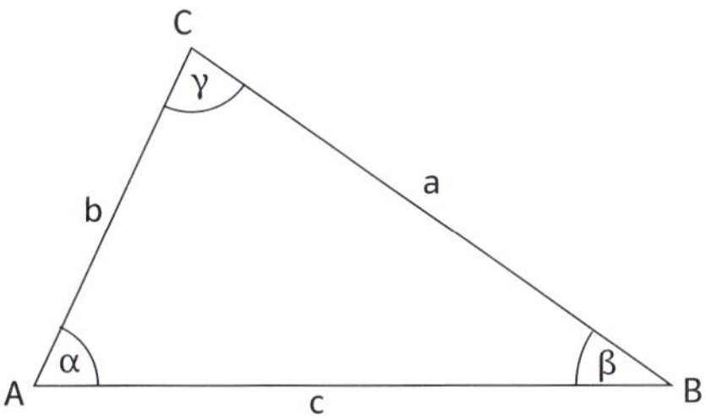

2

Konstruiere ein rechtwinkliges Dreieck aus den gegebenen Größen. Bestimme auch seinen Flächeninhalt.

a) α = 90°; c = 4,2 cm; γ = 32°
b) b = 3,4 cm; c = 4,8 cm; γ = 90°

3

Konstruiere ein gleichschenkliges Dreieck aus den gegebenen Größen.

a) $a = 3\,cm$; $b = c = 4{,}7\,cm$
b) Basis $b = 5{,}2\,cm$; $\alpha = 46°$

Tipp:
Wenn zwei Winkel gegeben sind, kannst du den dritten Winkel berechnen und den Kongruenzsatz wsw anwenden.

4

Konstruiere, falls möglich, ein Dreieck ABC. Welche Konstruktionen sind eindeutig?

a) $a = 6\,cm$; $b = 5\,cm$; $\gamma = 64°$
b) $a = 5\,cm$; $c = 8\,cm$; $\gamma = 53°$
c) $a = 4{,}2\,cm$; $b = 5{,}1\,cm$; $c = 10\,cm$
d) $a = 4{,}8\,cm$; $\beta = 37°$; $\gamma = 64°$
e) $b = 6\,cm$, $c = 9\,cm$, $\beta = 25°$
f) $a = 5{,}4\,cm$; $c = 6{,}8\,cm$; $\gamma = 45°$
g) $a = 3\,cm$; $b = 6\,cm$; $\gamma = 70°$
h) $\alpha = 30°$; $\beta = 40°$; $\gamma = 110°$

5

Bei welchen Dreiecken genügt für die eindeutige Konstruktion die Angabe von

a) einer Seitenlänge,
b) zwei Seitenlängen,
c) einer Seitenlänge und einem Winkel?

6

Konstruiere zwei Dreiecke ABC, die nicht kongruent zueinander sind. Ergänze dann jeweils eine Angabe, sodass eine Aufgabe zu einem Kongruenzsatz entsteht.

a) $a = 3\,cm$; $b = 4\,cm$
b) $a = 4{,}2\,cm$; $\beta = 30°$
c) $\alpha = 37°$; $\beta = 46°$

6.3 Konstruktionen mit besonderen Linien

Manche Dreieckskonstruktionen sollst du nicht nur mit den Kongruenzsätzen, sondern auch mithilfe besonderer Linien wie beispielsweise der Winkelhalbierenden bewältigen.
Folgender Konstruktionsplan soll dir dabei helfen.

So kannst du bei Dreieckskonstruktionen vorgehen

1. Aufgabenstellung/Problem
Im ersten Schritt geht es um das **Verständnis der Aufgabe**.
1. Zeichne eine **Planskizze**.
2. Markiere die gegebenen Größen.

2. Mathematische Überlegungen
Im nächsten Schritt ist es wichtig, deine Planskizze zu analysieren. Dabei kannst du schrittweise vorgehen.
1. Suche bei den farbig markierten Größen (Teil-) Dreiecke, die du eindeutig konstruieren kannst. Dabei helfen dir die Kongruenzsätze weiter, aber auch die Eigenschaften bestimmter Dreiecke.
2. Überlege dir einen Plan, wie du vorgehen könntest und schreibe ihn auf.

3. Konstruktion
Konstruiere die Figur mithilfe deiner Planskizze.

4. Kontrollen
Miss die Strecken und Winkel in deiner konstruierten Figur und vergleiche sie mit den Angaben in der Aufgabe.

1 Seitenhalbierende

Konstruiere ein Dreieck aus den gegebenen Größen. Beschreibe die Konstruktion. Falls sie nicht eindeutig ist, zeichne alle Lösungen.

a) $b = 4\,cm$; $\gamma = 45°$ und $s_a = 3\,cm$

b) $a = 6\,cm$; $b = 4{,}2\,cm$; $s_a = 3{,}3\,cm$

c) $b = 5\,cm$; $\alpha = 55°$; $s_c = 4{,}5\ cm$

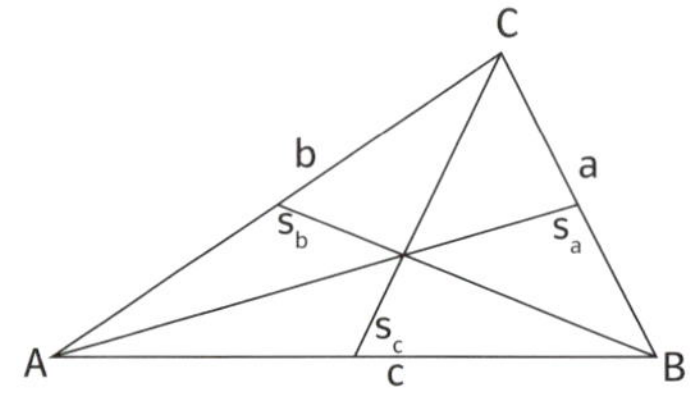

2 Winkelhalbierende

a) $c = 5\,cm$; $w_\alpha = 5{,}5\,cm$ und $\beta = 100°$

b) $c = 4{,}5\,cm$; $w_\alpha = 3\,cm$ und $\alpha = 68°$

c) $\alpha = 45°$; $\gamma = 70°$; $w_\beta = 4\,cm$

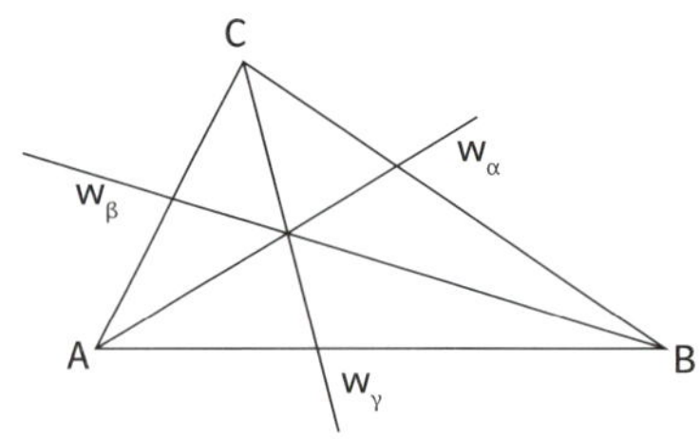

3 Höhen

Konstruiere ein Dreieck aus den gegebenen Größen. Beschreibe die Konstruktion. Falls sie nicht eindeutig ist, zeichne alle Lösungen.

a) $a = 5{,}5\,cm$; $c = 5\,cm$ und $h_c = 4\,cm$

b) $a = 6\,cm$, $h_a = 2{,}5\,cm$ und $\alpha = 90°$

c) $c = 4{,}5\,cm$; $\gamma = 110°$; $h_a = 3{,}2\,cm$

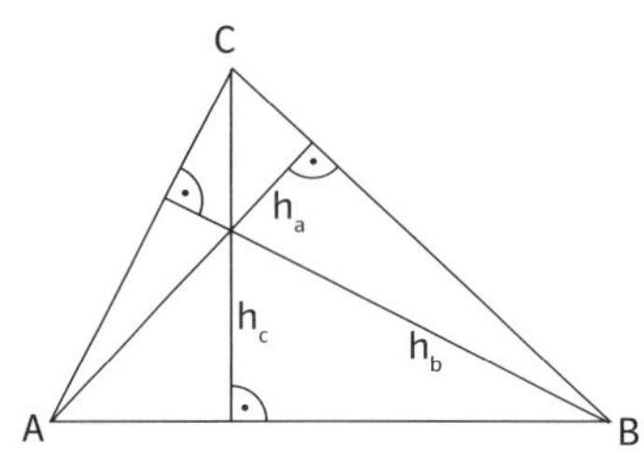

4

Konstruiere diese besonderen Dreiecke.

a) Ein gleichschenkliges Dreieck mit der Basis $a = 5\,cm$ und $h_a = 2{,}8\,cm$.

b) Ein gleichschenkliges Dreieck mit der Basis c, $\beta = 40°$ und $h_c = 2{,}8\,cm$.

c) Ein gleichseitiges Dreieck mit einer Höhe von 3 cm.

d) Ein gleichseitiges Dreieck mit einer Winkelhalbierenden von 4 cm.

e) Ein rechtwinkliges Dreieck mit $\gamma = 90°$, $c = 5\,cm$ und $h_b = 2\,cm$.

5

r_i ist der Inkreisradius, r_u der Umkreisradius.

Konstruiere ein Dreieck aus den gegebenen Größen. Beschreibe die Konstruktion. Falls sie nicht eindeutig ist, zeichne alle Lösungen.

a) $c = 5\,cm$; $h_c = 3\,cm$; $s_c = 4\,cm$

b) $c = 5{,}5\,cm$; $\beta = 60°$; $r_i = 1{,}5\,cm$

c) $b = 3\,cm$; $\alpha = 110°$; $r_u = 2{,}5\,cm$

d) $\alpha = 50°$; $w_\alpha = 4\,cm$; $r_i = 1{,}5\,cm$

6.4 Vermischte Aufgaben

1

Untersuche, welche der folgenden Aussagen wahr oder falsch sind. Ist die Aufgabe wahr, musst du sie begründen, ist sie falsch, genügt ein Gegenbeispiel.

Zwei Dreiecke sind kongruent, wenn sie

a) in zwei Seiten und dem eingeschlossenen Winkel übereinstimmen,
b) in einer Seite und den beiden anliegenden Winkeln übereinstimmen,
c) in drei Seiten übereinstimmen,
d) gleichschenklig sind und die gleiche Basislänge haben,
e) gleichseitig sind und den gleichen Umkreisradius haben,
f) in der Länge einer Seite und im Flächeninhalt übereinstimmen.

2

Richtig oder falsch? Begründe oder widerlege mit einem Gegenbeispiel.

a) Zwei rechtwinklige Dreiecke sind kongruent, wenn sie in einer Seite und in einem weiteren Winkel übereinstimmen.
b) Zwei rechtwinklige Dreiecke sind kongruent, wenn sie in der Höhe der Seite, die dem rechten Winkel gegenüberliegt, übereinstimmen.
c) Zwei gleichschenklige Dreiecke sind kongruent, wenn sie in einer Höhe übereinstimmen.
d) Zwei gleichschenklige Dreiecke sind kongruent, wenn sie in der Basis und dem gegenüberliegenden Winkel übereinstimmen.

3

In einem beliebigen Dreieck ABC ist CE die Winkelhalbierende von γ. Die Parallele zu CE durch den Punkt B schneidet die Gerade AC im Punkt D.

a) Welcher Winkel ist ein Wechselwinkel zu β?
b) Begründe, dass die Strecken $\overline{BC}$ und $\overline{CD}$ gleich lang sind.

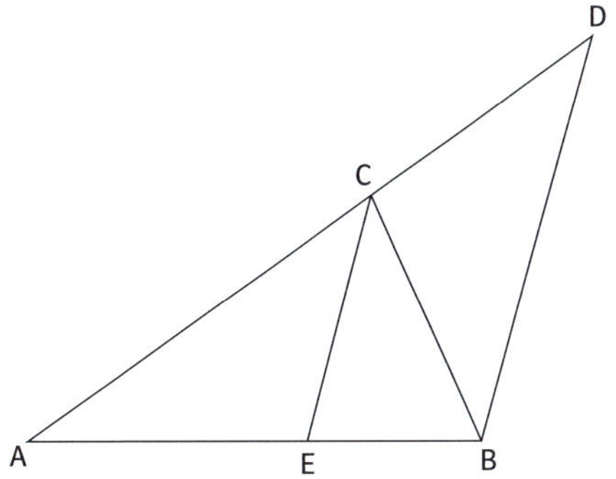

4

Konstruiere ein Dreieck mit den angegebenen Größen.

a) $c = 4\,\text{cm}$; $\beta = 30°$; $A = 10\,\text{cm}^2$

b) $b = 4\,\text{cm}$; $c = 5\,\text{cm}$; $A = 5\,\text{cm}^2$

5

Die Cheopspyramide in Ägypten hat eine Seitenlänge von 230 m. Wenn ein Betrachter 500 m von der Pyramide entfernt steht, sieht er die Spitze unter einem Winkel von 16°. Die Größe des Betrachters kann dabei vernachlässigt werden. Wie hoch ist die Cheopspyramide etwa?

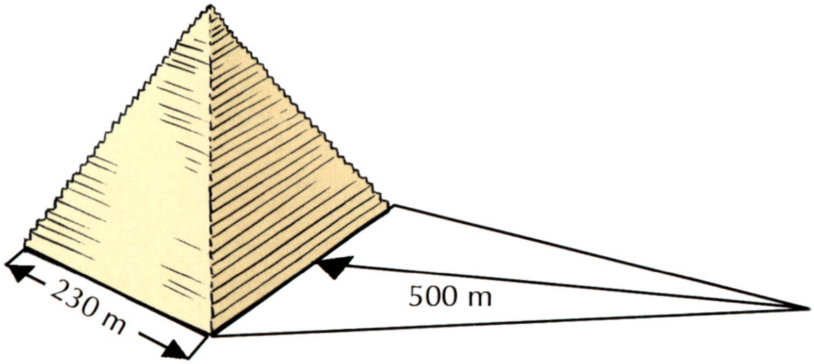

6

Eine Tanne ist 25 m hoch und wirft einen Schatten von 30 m Länge. Fertige eine Skizze an und bestimme die Weite des Winkels, unter dem die Sonnenstrahlen auf den Boden treffen.

7

Die Höhe eines Kirchturmes soll bestimmt werden. Dazu werden von den Endpunkten einer auf den Turm zulaufenden Standlinie $\overline{AB}$ mit $\overline{AB} = 80\,\text{m}$ die Winkelweiten $\alpha = 25°$ und $\beta = 62°$ gemessen. Wie hoch ist der Kirchturm?

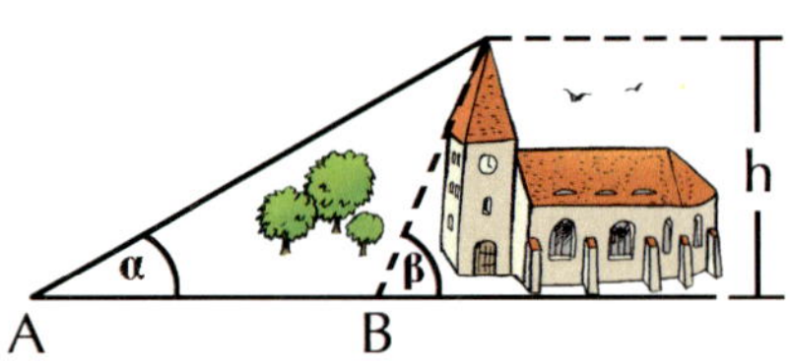

1

Sind die Dreiecke ABC und A'B'C' kongruent? Begründe.

a)

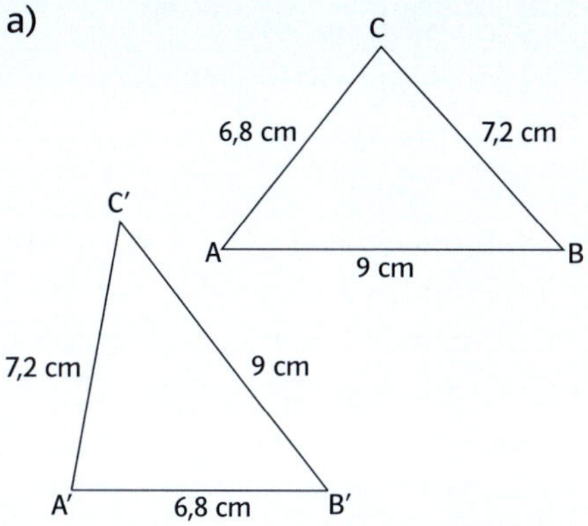

b)

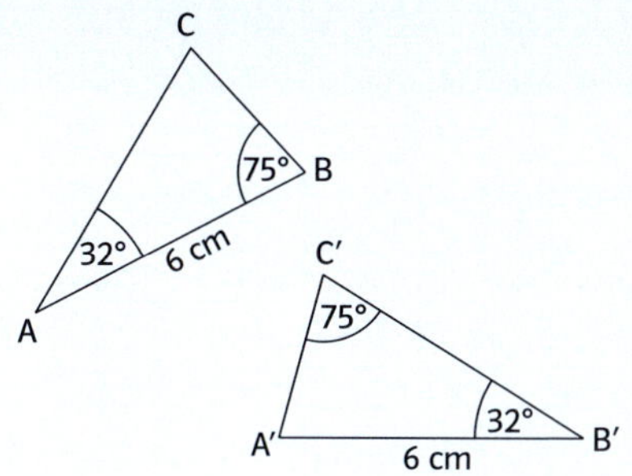

c) a = 5,4 cm; c = 6,8 cm; $\gamma = 45°$ und a' = 5,4 cm; c' = 6,8 cm; $\gamma' = 45°$

d) c = 4,5 cm; $\alpha = 77°$; $\beta = 38°$ und c' = 4,5 cm; $\alpha' = 77°$; $\gamma' = 55°$

Punkte: max. 4

2

Konstruiere, falls möglich, ein Dreieck aus den gegebenen Größen. Begründe, ob die Konstruktion eindeutig ist und beschreibe gegebenenfalls dein Vorgehen bei der Konstruktion.

a) a = 4 cm; c = 5,5 cm; $\gamma = 50°$

b) $\alpha = 40°$; $\beta = 70°$; c = 3 cm

c) a = 4 cm; $\beta = 95°$; $\gamma = 90°$

d) b = 5 cm; c = 6 cm; $\beta = 40°$

Punkte: max. 4

3

Ein Vermessungsingenieur soll die Höhe eines Turms bestimmen. Dazu hat er mithilfe eines Theodoliten den Winkel bestimmt, unter dem ein Betrachter den Turm sieht. Bestimme die Höhe des Turms.

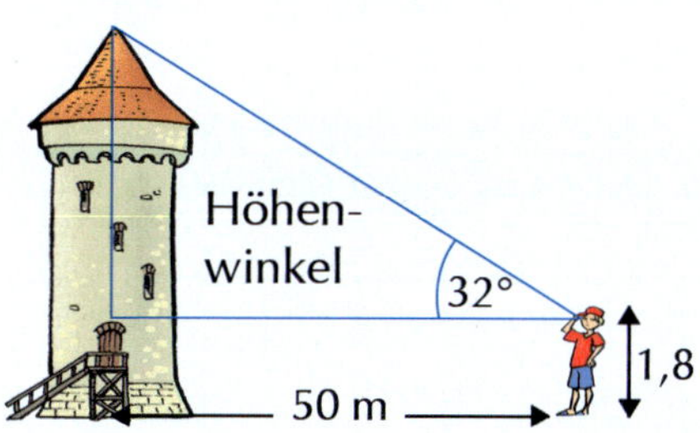

Punkte: max. 4

4

Philipp hat einen Tisch gebaut und an jedem Tischbein eine Verstrebung angebracht. Kimberley meint: „Das Tischbein steht aber schief." Überprüfe, ob das Tischbein wirklich schief ist.

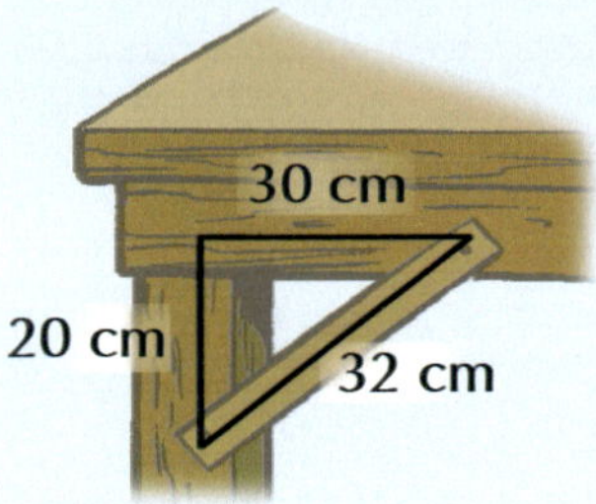

Punkte: max. 4

5

Konstruiere ein Dreieck aus den gegebenen Größen. Beschreibe dein Vorgehen.

a) $a = 3\,cm$; $\beta = 95°$; $w_\beta = 2{,}5\,cm$
b) $a = 5\,cm$; $b = 4{,}5\,cm$; $h_c = 2{,}5\,cm$
c) $b = 5\,cm$; $\gamma = 115°$; $s_b = 4\,cm$
d) $\alpha = 58°$; $\beta = 75°$; $w_\alpha = 4\,cm$

Punkte: max. 4

6

a) In der Planfigur ist M die Mitte der Strecke $\overline{AB}$. $\overline{BD}$ und $\overline{AE}$ sind die Lote von A und B auf die Gerade durch C und M.
Zeige, dass gilt: $\overline{BD} = \overline{AE}$

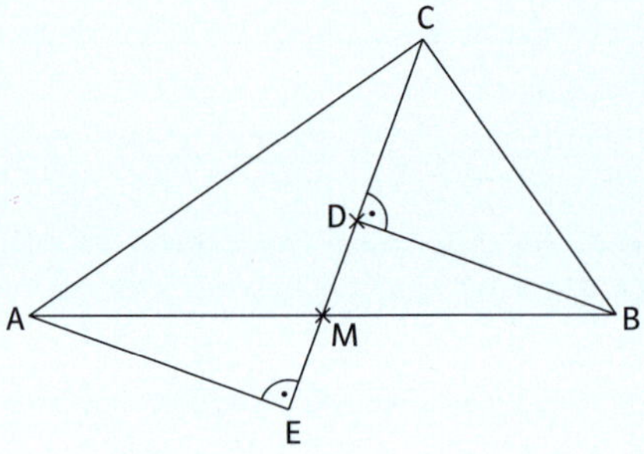

b) In der Planfigur ist das Dreieck ABC gleichseitig, außerdem sind die Strecken $\overline{AA'}$, $\overline{BB'}$ und $\overline{CC'}$ gleich lang. Zeige, dass das Dreieck A'B'C' auch gleichseitig ist.

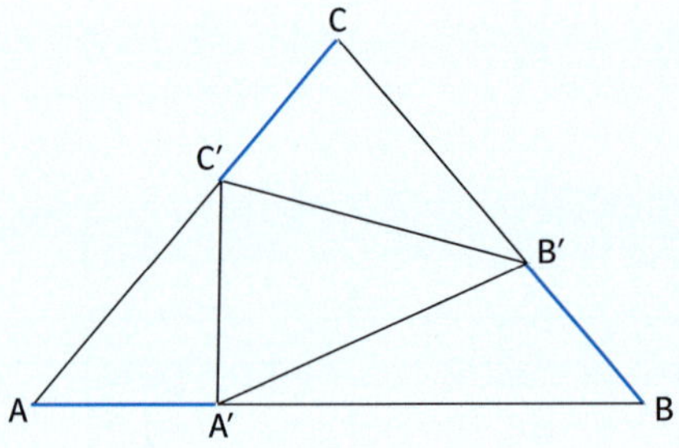

Punkte: max. 4

Gesamtpunkte: max. 24

Aufgaben Nummer	erreichte Punktzahl von (...)	Lernerfolg	Lerneinheit abhaken ✓
1	_____ (4)	Wenn du die volle Punktzahl hast, ist das ein Zeichen dafür, dass du die Kongruenzsätze anwenden kannst.	6.1
2	_____ (4)	Hast du die Dreiecke richtig konstruiert und auch die Konstruktion begründet, kannst du das Kapitel „Konstruktion von Dreiecken" abhaken.	6.2
3 4	_____ (4) _____ (4)	Bei diesen Aufgaben konntest du zeigen, ob du bei Anwendungsaufgaben mit Kongruenzsätzen gut zu Recht kommst.	6.3
5	_____ (4)	Hast du hier alle Punkte, kannst du das Kapitel „Konstruieren mit besonderen Linien" abhaken.	6.4
6	_____ (4)	Bei dieser Aufgabe kannst du zeigen, ob du mit geometrischen Denkaufgaben umgehen kannst.	6.5

19 – 24 Punkte	13 – 18 Punkte	7 – 12 Punkte	0 – 6 Punkte
Prima, du hast dieses Kapitel gut verstanden! Nun kannst du das nächste Kapitel üben.	Das klappt ja schon recht ordentlich! Du kannst vieles recht gut, aber es könnte auch besser sein. Wiederhole die Abschnitte noch einmal, die in deiner Checkliste nicht abgehakt sind.	Einiges hast du schon ganz gut gelöst, insgesamt sind deine Lücken aber noch zu groß. Wiederhole die Abschnitte noch einmal, die in deiner Checkliste nicht abgehakt sind.	Es gibt bei dir noch sehr viele Unsicherheiten. Du musst noch mehr üben! Wiederhole die Abschnitte noch einmal, die in deiner Checkliste nicht abgehakt sind.

Lösungen
ABER WIR HABEN GEHÖRT, DASS ES HIER LÖSUNGEN FÜR KÖRPER UND BRÜCHE GIBT.

Lösungen

1 Prozente und Zinsen

1.1 Anteile und Prozente

1

a) $0{,}4 = \frac{2}{5}$ b) $0{,}75 = \frac{3}{4}$ c) $0{,}55 = \frac{11}{20}$ d) $0{,}05 = \frac{1}{20}$ e) $0{,}3 = \frac{3}{10}$ f) $0{,}5 = \frac{1}{2}$

g) $0{,}35 = \frac{7}{20}$ h) $0{,}6 = \frac{3}{5}$ i) $0{,}42 = \frac{21}{50}$ j) $0{,}125 = \frac{1}{8}$ k) $0{,}875 = \frac{7}{8}$ l) $0{,}76 = \frac{19}{25}$

2

Die folgenden Lösungen sind Beispiele. Wichtig ist, dass die Gesamtzahl der Kästchen stimmt.

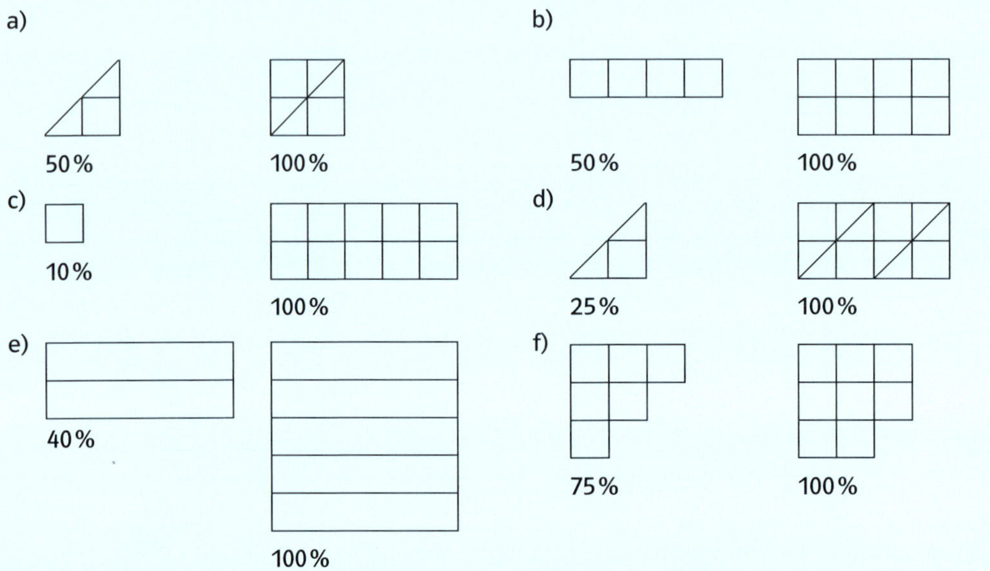

3

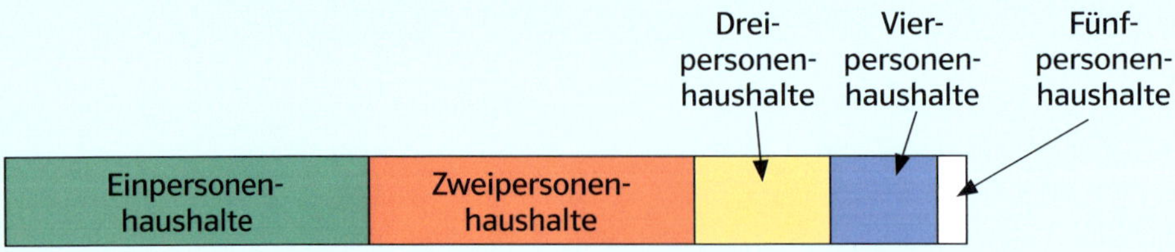

(1 cm ≙ 10 %)

1.2 Rationale Zahlen und Prozente

1

a) 35 % b) 80 % c) 70 % d) 30 % e) 32 % f) 74 % g) 40% h) 125 %

2

a) ≈ 16,67 % b) ≈ 66,67 % c) ≈ 55,56 % d) ≈ 41,67 %
e) ≈ 57,14 % f) ≈ 13,33 % g) ≈ 21,43 % h) ≈ 73,33 %

3

a) 54 % b) 5 % c) 30 % d) 0,2 % e) 56,7 % f) 102 % g) 24,6 % h) 2,5 %

4

a) 50 % b) 60 % c) 10 % d) 62,5 % e) 25 % f) $33\frac{1}{3}$ %

5

a) $7{,}5\,\% < 7{,}5$ b) $80\,\% < \frac{5}{6}$ c) $\frac{8}{9} > 80\,\%$ d) $\frac{1}{3} > 30\,\%$

6

Der Artikel stimmt so nicht, denn jeder fünfte entspricht 20%, das sind mehr als jeder zehnte, was 10 % entspricht.

1.3 Berechnen des Prozentsatzes

1

a) $\frac{6}{30} = \frac{1}{5} = 20\,\%$ b) $\frac{99}{300} = \frac{33}{100} = 33\,\%$ c) $\frac{20}{160} = \frac{1}{8} = 12{,}5\,\%$ d) $\frac{50}{75} = \frac{2}{3} = 66\frac{2}{3}\,\%$

e) $\frac{20}{400} = \frac{1}{20} = 5\,\%$ f) $\frac{32}{40} = \frac{4}{5} = 80\,\%$ g) $\frac{30}{200} = \frac{3}{20} = 15\,\%$ h) $\frac{5}{125} = \frac{1}{25} = 4\,\%$

2

a) $\frac{36\,\cancel{m}}{71\,\cancel{m}} \approx \frac{1}{2} = 50\,\%$ b) $\frac{78\,\cancel{kg}}{321\,\cancel{kg}} \approx \frac{80}{320} = \frac{1}{4} = 25\,\%$ c) $\frac{1500\,\cancel{m}}{9000\,\cancel{m}} = \frac{1}{6} \approx 16{,}7\,\%$

d) $\frac{401\,\cancel{m}}{505\,\cancel{m}} \approx \frac{4}{5} = 80\,\%$ e) $\frac{210\,\cancel{€}}{320\,\cancel{€}} \approx \frac{2}{3} = 66\frac{2}{3}\,\%$ f) $\frac{6\,\cancel{mm}}{120\,\cancel{mm}} = \frac{1}{20} = 5\,\%$

3

A: $\frac{55}{250} = 22\,\%$ B: $\frac{120}{250} = 48\,\%$ C: $\frac{15}{250} = 6\,\%$ D: $\frac{60}{250} = 24\,\%$

4

An der Umfrage haben 1400 Autofahrer teilgenommen.

Mercedes: $\frac{255}{1400} \approx 18{,}2\,\%$ BMW: $\frac{221}{1400} \approx 15{,}8\,\%$

VW: $\frac{227}{1400} \approx 16{,}2\,\%$ Sonstige: $\frac{697}{1400} \approx 49{,}8\,\%$

1.4 Berechnen des Prozentwerts

1

a) $25\,\% = \frac{1}{4}$ also $\frac{72}{4} = 18$

b) 10 c) 1 d) 15 e) 6 f) 120 g) 6,5 h) 120

2

a) $50{,}5\,\% \approx \frac{1}{2}$, also $\frac{230}{2} = 115$b) 10 % von 81 = 8,1

c) 24 d) 100 e) 220 f) 101 g) 30 h) 200

3

a) 0,9 b) 0,96 c) 210 d) 12,3 e) 48,3 f) 11 g) 1,2 h) 150

4

Der Gast gibt 1,18 € Trinkgeld, also muss er 12,98 € bezahlen. Er wird wahrscheinlich 13 € geben.

5

367,2 Mio km² der Erdoberfläche sind Wasser. Der Pazifik ist etwa 172,584 Mio km² groß.

1.5 Berechnen des Grundwerts

1

a) $50\,\% = \frac{1}{2}$, also $G = 23 \cdot 2 = 46$ b) $25\,\% = \frac{1}{4}$, also $G = 31 \cdot 4 = 124$

c) 32 d) 300 e) 84 f) 17 g) 240 h) 48

2

a) 2200 b) 320 c) 920 d) 640 e) 520 f) 400 g) 800 h) 1100

3

Die Urlaubsreise kostet 315 € : 35 % = 900 €.

4

Die Jeans hat ursprünglich 67,15 € + 67,15 € : 15 = 79 € $\left(\text{oder } 67{,}15\,€ \cdot \frac{100}{85} = 79\,€\right)$ gekostet.

5

Deutschland hat eine Gesamtfläche von etwa 41 034 km².

1.6 Vermischte Übungen zu den Grundaufgaben

1

Nachlass beim Computerspiel: $\frac{6\,€}{45\,€} = 13{,}3\,\%$ Nachlass bei der DVD: $\frac{2{,}50\,€}{20\,€} = 12{,}5\,\%$.

Beim Computerspiel war der Nachlass also höher.

2

Pro Jahr dürfen 2,5 % von 3500 m³, also $3500\,m^3 \cdot 2{,}5\,\% = 87{,}5\,m^3$ Holz geschlagen werden.

3

Felix wird voraussichtlich 1,70 cm : 84 % ≈ 2,02 m und Luisa 1,58 : 92 % ≈ 1,72 m groß werden.

4

Das Messingstück wiegt 46,5 g : 30 % = 155 g.

5

Frau Jäger verbraucht $2 \cdot 312\,kcal + 468\,kcal + 24\,kcal + 217\,kcal = 1333\,kcal$, das sind $\frac{1333}{2200} \approx 61\,\%$ des Tagesbedarfs.

6

Herr Lorch verbraucht $211\,g \cdot 12\,\% + 30\,g \cdot 50\,\% + 152\,g \cdot 16\,\% + 20\,g \cdot 81\,\% + 400\,g \cdot 3\,\% = 92{,}84\,g$ Fett. Ausgehend von einer täglichen Fettzufuhr von 80 g hat Herr Lorch schon $\frac{92{,}84}{80} \approx 116\,\%$ verbraucht.

7

In 500 g Kartoffeln sind $500\,g \cdot 75\,\% = 375\,g$ Wasser, $500\,g \cdot 21\,\% = 105\,g$ Stärke und jeweils 10 g Eiweiß und Salze enthalten.

1.7 Prozentuale Erhöhungen

1

Rechne 168 € · 1,08 = 181,44 €; 141,75 €; 37,95 €; ≈ 55,78 €

2

a) Rechne 44 € · 1,19 = 52,36 € b) 178,50 € c) 82,05 € d) ≈ 4,45 €

3

a) Rechne 42 € : 1,19 ≈ 35,29 €
b) ≈ 6,71 € c) ≈ 25,20 € d) ≈ 5,46 € e) ≈ 20,99 € f) ≈ 57,98 €

4

Rechne $\frac{89{,}88\,€}{84\,€}$ = 1,07, das entspricht einer Erhöhung um 7%.
20%; 30%; 7,5%

5

Die Erhöhung beträgt 2% und 3% von 102%, also 5,06%. Das sind etwas mehr als 5%.
Angenommen, Herr Schmid verdient 2000 €, dann rechnet sich sein Gehalt in 5 Jahren so:
(2000 · 1,02) · 1,03 = 2101,20 €.
Eine Erhöhung um 5% entsprächen nur 2100 €.

1.8 Prozentuale Abnahmen

1

a) Rechne so: 20% = $\frac{1}{5}$, also bleiben $\frac{4}{5}$ des Preises übrig, das sind 180 € · $\frac{4}{5}$ = 144 €
b) 42,72 € c) 27 € d) 3,29 €

2

Alter Preis	168 €	135 €	33 €	49,80 €
Senkung um	8%	5%	15%	12%
Neuer Preis	154,56 €	128,25 €	28,05 €	43,12 €

3

Rechne so: $\frac{1{,}40\,€}{1{,}75\,€} = 0{,}8$, das entspricht einer Senkung von 0,2 = 20 %

Alter Preis	1,75 €	25,20 €	12,50 €	99 €
Neuer Preis	1,40 €	21,42 €	11,50 €	74,25 €
Senkung um	20 %	15 %	8 %	25%

4

a) Maximilian muss 260 € · 0,95 = 247 € zahlen.

b) Das Fahrrad kostete ursprünglich 174 € : 75 % = 232 €.

5

a) Der Rechnungsbetrag war 1008,42 € : 0,98 = 1029 €

b) Die Stereoanlage kostet ohne Mehrwertsteuer 1029 € : 1,19 = 864,71 €.

6

Das Kaufhaus hat nach dem Verlust noch 80 % der Kunden. Damit diese 80 % 100 % der Gesamteinnahmen ausmachen, müssen die Preise um $\frac{100}{80} - 1 = 0{,}25$ = 25 % erhöht werden. Das ist in der Praxis natürlich nicht möglich.

1.9 Anwendungsaufgaben

1

a) Rechne so: $\frac{225\,\text{km}}{300\,\text{km}}$ = 75 %, es sind also 25 % weniger.

b) $\frac{135\,€}{90\,€} = 1{,}5$ = 150 %. Es sind also 50 % mehr.

c) Am Vortag war der DAX 6691 : 1,0015 ≈ 6681 Punkte hoch.

2

Es wurden insgesamt 16 194 665 : 34,2 % ≈ 47 352 822 gültige Stimmen gezählt.

3

110 % sind 6,60 €, also sind 10 % 60 ct. Vanessa hat also Recht.

4

Die Statue wiegt 25 kg : 40 % = 62,5 kg.

5

2 g Spinnenhaare entsprechen 7,5 % des Tranks, der also 8 g Wasser und $16\frac{2}{3}$ g Blutwurstfett enthält.

6

Nach der Preiserhöhung kostet die Ware 110 %. Davon 10 % abgezogen bleiben nur noch 99 % des alten Preises. Der Händler macht also 1 % Verlust.

7

Beate wog vor der Diät 4 kg : 5 % = 80 kg.

1.10 Zinsen als besondere Prozente

1

Rechne 280 € · 0,75 % = 2,10 € 15,40 €; 12,63 €; 187,50 €

2

a)

K in €	1500	**1500**	1100	500	4000	240	24
Z in €	**30**	41,25	44	**8,75**	240	2,40	**0,36**
p %	2 %	$2\frac{3}{4}$ %	**4 %**	1,75 %	**6 %**	**1 %**	1,5 %

b)

K in €	**250**	15 120	63	873,40	**675**	500	**290**
Z in €	30	378	**4,41**	**43,67**	54	15	13,05
p %	12 %	**2,5 %**	7 %	5 %	8 %	**3 %**	4,5 %

3

a) Es wurden 660,48 € : 1,032 = 640 € eingezahlt.

b) Die Verzinsung beträgt $\frac{5517{,}65\,€}{5230\,€} \cdot 100\,\% = 5{,}5\,\%$

4

a) 1. Jahr: 1200 € · 1,025 = 1230 €
   2. Jahr: 1230 € · 1,025 = 1260,75 €
   3. Jahr: 1260,75 € · 1,025 ≈ 1292,27 €

b) Nach 2 Jahren beträgt das Guthaben etwa 91 379,32 €.

5

Rechne z. B. mit K = 100 €, p % = 2 %.

a) Die Zinsen sind auch doppelt so hoch.

b) Die Zinsen sind gleich groß.

c) Die Zinsen sind ein Viertel so groß.

d) Die Zinsen sind $\frac{3}{4}$-mal so hoch.

e) Die Zinsen sind 1,5-mal so hoch.

f) Die Zinsen sind $\frac{3}{4}$-mal so hoch.

1.11 Zinsen für beliebige Zeitspannen

1

Das Geld bleibt 10 Tage im April + 30 Tage im Mai + 25 Tage im Juni = 65 Tage auf dem Sparbuch.
Sie erhält dafür $550\,€ \cdot 1{,}5\,\% \cdot \frac{65}{360} \approx 1{,}50\,€$ Zinsen.

2

Der Kredit wurde 20 Tage im März, 24 Tage im Oktober und 180 Tage in den Monaten dazwischen, also 224 Tage in Anspruch genommen.
Berechne den Kredit so: $\text{Kredit} \cdot 9\,\% \cdot \frac{224}{360} = \text{Kredit} \cdot 1 + 9\,\% \cdot \frac{224}{360} = 2471{,}04$
Also hat der Kredit $2471{,}04 : 1{,}056 = 2340\,€$ betragen.

3

a) $Z = 270 \cdot 5\,\% \cdot \frac{72}{360}$, also 2,70 €

b) $\frac{4{,}68}{4\,\% \cdot \frac{5}{12}} = K$, also 280,80 €

Test

1

a) 51,75 € b) 575 kg c) 2 % d) 47 % e) 300 € f) 120 l

2

a) Die Wohnfläche wurde um $\frac{165\,m^2}{132\,m^2} - 1 = 0{,}25 = 25\,\%$ vergrößert.

b) Der Einkauf kostete $1{,}75\,€ : 0{,}07 = 25\,€$.

c) Die Maschine kostete $560\,€ : 0{,}8 = 700\,€$.

3

Drei Packungen kosten regulär $2{,}75\,€ : 0{,}84 = 3{,}27\,€$, also kostet eine Packung 1,09 €.

4

Der normale Verkaufspreis beträgt $8800\,€ \cdot 1{,}19 = 10\,472\,€$, der Ratenkauf beträgt insgesamt

7200 € + 12 · 299 € = 10 788 €.

Der Ratenkauf ist also $\frac{10\,788\,€}{10\,472\,€} - 1 = 0{,}03 = 3\,\%$ teurer.

5

Katharina bekommt in zwei Jahren 24,24 € Zinsen, Mario nur 24,18 €, d.h. sie sollten ihr Geld auf Katharinas Bank anlegen.

6

Kapital K	1800 €	19575 €	300 €	128 €
Zinssatz p %	3 %	2,25 %	**4 %**	5 %
Zeit	30 Tage	3 Monate	6 Monate	**3 Monate**
Zinsen Z	**4,50 €**	**110,11 €**	6 €	1,60 €

2 Wahrscheinlichkeitsrechnung

2.1 Zufallsexperimente und Wahrscheinlichkeiten

1

a) $\frac{1}{8}$ b) $\frac{1}{12}$ c) $\frac{1}{9}$

2

a) $\frac{1}{32}$ b) $\frac{1}{4}$ c) $\frac{1}{2}$ d) $\frac{1}{8}$

3

a) $\frac{1}{20}$ b) $\frac{1}{12}$ c) $\frac{1}{8}$

2.2 Voraussagen – empirische Wahrscheinlichkeiten

1

a)

Anzahl der Würfe	davon „Kopf“	rel. Häufigkeit
100	43	$\frac{43}{100}$
200	76	$\frac{76}{200} = \frac{19}{50}$
500	198	$\frac{198}{500} = \frac{99}{250}$
750	302	$\frac{302}{750} = \frac{151}{375}$
1000	401	$\frac{401}{1000}$

b) $P(\text{Kopf}) = \frac{40}{100} = 40\,\% = 0{,}4$

2

a) 1996: 0,514
1997: 0,513
1998: 0,513
1999: 0,514
2000: 0,513
2001: 0,514
2002: 0,513
2003: 0,513
2004: 0,513
2005: 0,513

b) 0,5133

c) P(Jungengeburt) = 51,33 %

2.3 Ereignisse und ihre Wahrscheinlichkeiten

1

$P(A) = \frac{1}{37}$; $P(B) = \frac{18}{37}$; $P(C) = \frac{18}{37}$; $P(D) = \frac{4}{37}$; $P(E) = \frac{3}{37}$; $P(F) = \frac{12}{37}$

2

$P(A) = \frac{3}{12} = \frac{1}{4}$; $P(B) = \frac{9}{12} = \frac{3}{4}$; $P(C) = \frac{6}{12} = \frac{1}{2}$; $P(D) = \frac{4}{12} = \frac{1}{3}$; $P(E) = \frac{2}{12} = \frac{1}{6}$.

3

a) $P(\text{eine } 6) = \frac{1}{6} < P(\text{Roulette}) = \frac{12}{37}$

b) $P(\text{Lose}) = \frac{16}{128} = \frac{1}{8} = P(\text{König}) = \frac{4}{32} = \frac{1}{8}$

c) $P(\text{Sommermonat}) = \frac{3}{12} = \frac{1}{4} < P(\text{Zahl größer } 4) = \frac{2}{6} = \frac{1}{3}$

4

$P(A) = \frac{5}{200} = \frac{1}{40}$; $P(B) = \frac{25}{200} = \frac{1}{8}$; $P(C) = \frac{175}{200} = \frac{7}{8}$

2.4 Gegenereignisse

1

$P(A) = P(2) + P(4) + P(6) = 0{,}38$

$P(B) = 1 - P(A) = 1 - 0{,}38 = 0{,}62$

$P(C) = 0$

$P(D) = P(1) + P(2) = 0{,}56$

$P(E) = 1$

$P(F) = 0{,}5$

2

a) $P(\text{rot oder grün}) = \frac{4}{10} + \frac{3}{10} = \frac{7}{10}$

b) $P(\text{grün oder weiß}) = \frac{3}{10} + \frac{1}{10} = \frac{4}{10}$

c) Für Larissa ändert sich nichts, aber für Alex:

Fall 1: Larissa zieht ein grünes Bärchen: $P(\text{grün oder weiß}) = \frac{2}{9} + \frac{1}{9} = \frac{3}{9} = \frac{1}{3}$

Fall 2: Larissa hat ein weißes Bärchen gezogen: $P(\text{grün oder weiß}) = \frac{3}{9} + \frac{0}{9} = \frac{3}{9} = \frac{1}{3}$

Fall 3: Larissa hat ein rotes oder gelbes gezogen: $P(\text{grün oder weiß}) = \frac{3}{9} + \frac{1}{9} = \frac{4}{9}$

3

a) $P(\text{Sonntag}) = \frac{1}{7}$

b) $P(\text{Samstag oder Sonntag}) = \frac{2}{7}$

4

a) $P(\text{gelb}) = \frac{1}{6} + \frac{1}{6} = \frac{2}{6} = \frac{1}{3}$

b) $P(\text{Rauswurf}) = \frac{1}{3} + \frac{1}{6} = \frac{1}{2}$

c) $P(\text{ins Haus}) = \frac{4}{6} = \frac{2}{3}$

2.5 Mehrstufige Zufallsexperimente – Baumdiagramme

1

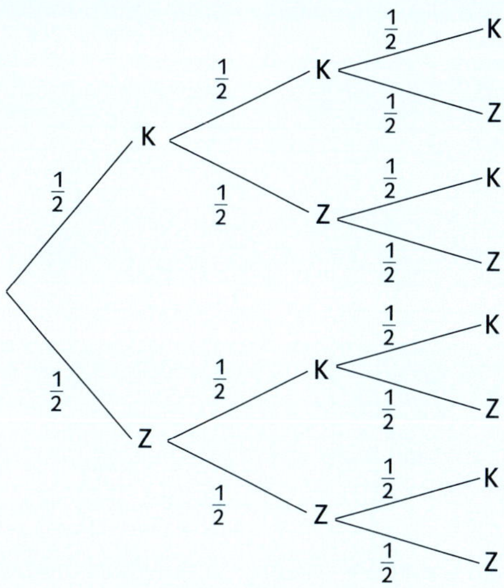

2

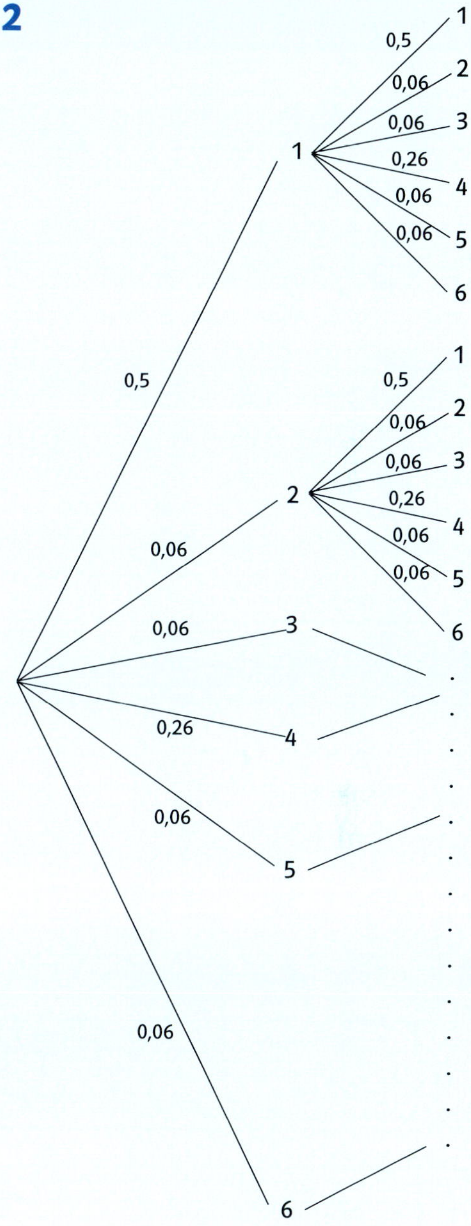

3

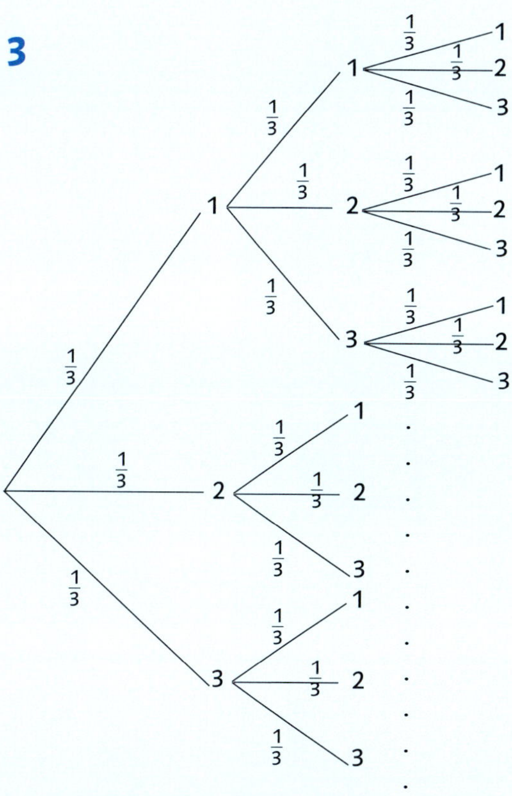

4

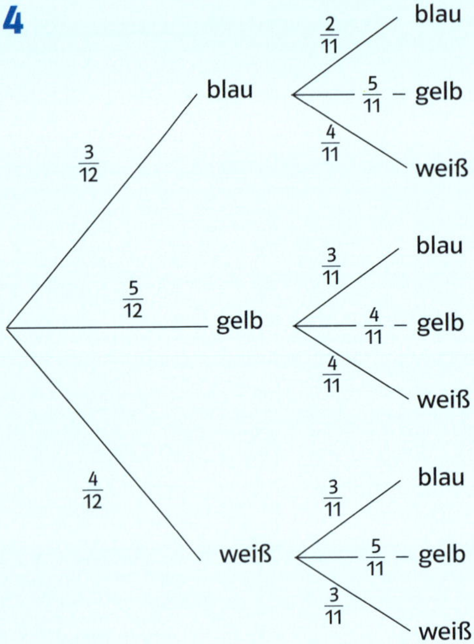

2.6 Pfadregeln

1

$P(A) = P(KKZ; ZKK) = 2 \cdot \frac{1}{8} = \frac{2}{8} = \frac{1}{4}$

$P(B) = P(KZK; KZZ; ZZZ; ZZK) = 4 \cdot \frac{1}{8} = \frac{1}{2}$

$P(C) = P(ZZZ; KKK) = 2 \cdot \frac{1}{8} = \frac{1}{4}$

$P(D) = P(ZZZ) = \frac{1}{8}$

$P(E) = \frac{1}{2}$

$P(F) = P(KZZ; ZKZ; ZZK) = 3 \cdot \frac{1}{8} = \frac{3}{8}$

2

a)

Ergebnis		
Anzahl	121	79
relative Häufigkeit	$\frac{121}{200}$	$\frac{79}{200}$
Näherungswert für die Wahrscheinlichkeit	$\frac{120}{200} = \frac{3}{5}$	$\frac{80}{200} = \frac{2}{5}$

b) $P(A) = P(KKR;\ KRK;\ RKK) = \left(\frac{2}{5} \cdot \frac{2}{5} \cdot \frac{3}{5}\right) + \left(\frac{2}{5} \cdot \frac{3}{5} \cdot \frac{2}{5}\right) + \left(\frac{3}{5} \cdot \frac{2}{5} \cdot \frac{2}{5}\right) = 3 \cdot \frac{12}{125} = \frac{36}{125}$

$P(B) = \left(\frac{2}{5} \cdot \frac{2}{5} \cdot \frac{2}{5}\right) + \left(\frac{3}{5} \cdot \frac{3}{5} \cdot \frac{3}{5}\right) = \frac{35}{125} = \frac{7}{25}$

$P(C) = P(RRK;\ RKR;\ KRR) = 3 \cdot \left(\frac{3}{5} \cdot \frac{3}{5} \cdot \frac{2}{5}\right) = \frac{54}{125}$

3

$P(A) = \frac{1}{2} \cdot \frac{1}{2} = 0{,}25$ $P(B) = 0{,}25 + 0{,}25 = 0{,}5$ $P(C) = 0{,}38 \cdot 0{,}62 \cdot 2 = 0{,}4712$

$P(D) = 0{,}5 \cdot 0{,}5 + 0{,}06 \cdot 0{,}06 \cdot 4 + 0{,}26 \cdot 0{,}26 = 0{,}332$

2.7 Vereinfachte Baumdiagramme

1

$P(A) = \left(\frac{14}{50}\right)^3 + \left(\frac{12}{50}\right)^3 + \left(\frac{24}{50}\right)^3 = \frac{18\,296}{125\,000} \approx 14{,}6\,\%$ $P(B) = \left(\frac{24}{50}\right)^2 \cdot \left(\frac{14}{50}\right) \cdot 3 = \frac{24\,192}{125\,000} \approx 19{,}4\,\%$

$P(C) = \left(\frac{38}{50}\right)^3 = \frac{54\,872}{125\,000} \approx 43{,}9\,\%$

2

a) $P(A) = \frac{3}{10} \cdot \frac{2}{10} \cdot \frac{4}{10} = \frac{24}{1000} = 2{,}4\,\%$ $P(B) = \frac{4}{10} \cdot \frac{2}{10} \cdot \frac{4}{10} = \frac{32}{1000} = 3{,}2\,\%$

$P(C) = \frac{3}{10} \cdot \frac{1}{10} \cdot \frac{4}{10} = \frac{12}{1000} = 1{,}2\,\%$ $P(D) = \frac{4}{10} \cdot \frac{1}{10} \cdot \frac{3}{10} = \frac{12}{1000} = 1{,}2\,\%$

$P(E) = \frac{3}{10} \cdot \frac{2}{10} \cdot \frac{3}{10} = \frac{18}{1000} = 1{,}8\,\%$

b) $P(A) = \frac{3}{10} \cdot \frac{2}{9} \cdot \frac{4}{8} = \frac{24}{720} = \frac{1}{30}$ $P(B) = \frac{4}{10} \cdot \frac{2}{9} \cdot \frac{3}{8} = \frac{24}{720} = \frac{1}{30}$

$P(C) = \frac{3 \cdot 1 \cdot 4}{720} = \frac{12}{720} = \frac{1}{60} = P(D)$ $P(D) = P(C)$

$P(E) = \frac{3 \cdot 2 \cdot 2}{720} = \frac{12}{720} = \frac{1}{60}$

3

$P(A) = P(BB\overline{BB};\ B\overline{B}B\overline{B};\ B\overline{BB}B;\ \overline{B}BB\overline{B};\ \overline{B}B\overline{B}B;\ \overline{BB}BB) = \frac{11}{100} \cdot \frac{11}{100} \cdot \frac{89}{100} \cdot \frac{89}{100} \cdot 6 = 5{,}8\,\%$

$P(B) = \left(\frac{41}{100}\right)^4 \approx 2{,}8\,\%$

$P(C) = \frac{41}{100} \cdot \frac{43}{100} \cdot \frac{11}{100} \cdot \frac{5}{100} \cdot 4 \approx 0{,}4\,\%$

$P(D) = (1 - P(AB))^4 = \left(1 - \left(\frac{5}{100}\right)\right)^4 \approx 81{,}5\,\%$

$P(E) = P(OOAA;\ OAOA;\ OAAO;\ AAOO;\ AOAO;\ AOOA) = 6 \cdot \frac{41}{100} \cdot \frac{41}{100} \cdot \frac{43}{100} \cdot \frac{43}{100} \approx 18{,}6\,\%$

2.8 Vermischte Aufgaben

1

$P(A) = \frac{1}{2} = 50\,\%$ $P(B) = \frac{25}{100} = \frac{1}{4} = 25\,\%$ $P(C) = \frac{20}{100} = \frac{1}{5} = 20\,\%$

$P(D) = \frac{10}{100} = \frac{1}{10} = 10\,\%$ $P(E) = P(B) + P(D) = 35\,\%$ $P(F) = \frac{9}{100} = 9\,\%$

2

a) $P(\text{letzte Ziffer}) = \frac{1}{10} = 10\,\%$ $P(\text{letzte 2 Ziffern}) = \frac{1}{10} \cdot \frac{1}{10} = \frac{1}{100} = 1\,\%$

b) $P(\text{alle 7 Ziffern richtig}) = \left(\frac{1}{10}\right)^7 = \frac{1}{10\,000\,000} = 1:10\,000\,000$

3

$P(A) = \frac{14}{50} \cdot \frac{12}{49} \cdot \frac{24}{48} \cdot 3 = \frac{27}{245} \approx 10{,}3\,\%$

$P(B) = \frac{14}{50} \cdot \frac{13}{49} \cdot \frac{12}{48} + \frac{12}{50} \cdot \frac{11}{49} \cdot \frac{10}{48} + \frac{24}{50} \cdot \frac{23}{50} \cdot \frac{22}{50} = \frac{15\,649}{117\,600} \approx 13{,}3\,\%$

$P(C) = 1 - P(\overline{B}) = 1 - \frac{26}{50} \cdot \frac{25}{49} \cdot \frac{24}{48} \approx 86{,}5\,\%$

$P(D) = 1 - P(\text{nur gelb}) = 1 - \frac{14}{50} \cdot \frac{13}{49} \cdot \frac{12}{48} \approx 98{,}1\,\%$

4

$P(\text{in 4 Würfen mind. eine 6}) = 1 - P(\text{keine 6}) = 1 - \left(\frac{5}{6}\right)^4 \approx 51{,}8\,\%$

$P(\text{in 24 Würfen mind. ein 6er Pasch}) = 1 - P(\text{kein 6er Pasch}) = 1 - \left(\frac{35}{36}\right)^{24} \approx 49{,}1\,\%$

Beide Ereignisse sind nahezu gleich wahrscheinlich.

Test

1

a)

1	2	3	4	5	6
$\frac{248}{500}$	$\frac{4}{500}$	$\frac{44}{500}$	$\frac{46}{500}$	$\frac{5}{500}$	$\frac{153}{500}$

b) $P(1) \approx 0{,}5$; $P(2) \approx 0{,}01$; $P(3) \approx 0{,}09$; $P(4) \approx 0{,}09$; $P(5) \approx 0{,}01$; $P(6) \approx 0{,}3$

2

Die Wahrscheinlichkeiten für einen Gewinn sind:

$P(A) = \frac{3}{20} = 15\,\%$ $P(B) = \frac{7}{40} = 17{,}5\,\%$ $P(C) = \frac{10}{50} = 20\,\%$

Die Gewinnwahrscheinlichkeit ist in Topf C am größten.

3

$P(A) = \frac{15}{29}$ $P(B) = \frac{2}{29}$ $P(C) = \frac{6}{29}$ $P(D) = \frac{11}{29}$

4

a)

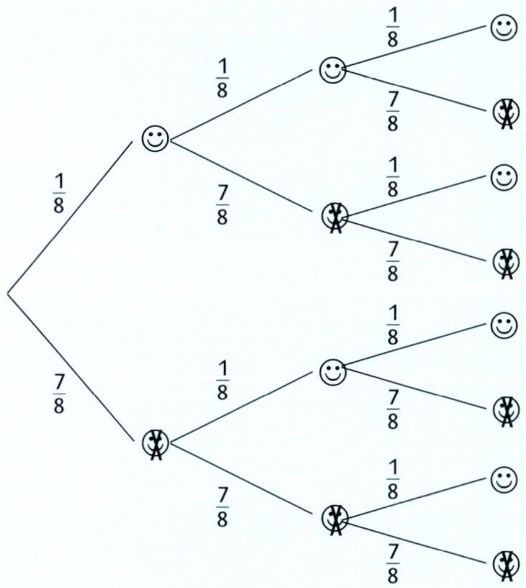

b) $P(A) = \left(\frac{1}{8}\right)^3 \approx 0{,}2\,\%$

$P(B) = \frac{1}{8} \cdot \frac{1}{8} \cdot \frac{7}{8} \cdot 3 \approx 4{,}1\%$

$P(C) = \frac{1}{8} \cdot \frac{7}{8} \cdot \frac{7}{8} \cdot 3 \approx 28{,}7\%$

c) Das Spiel ist nicht fair, da die Wahrscheinlichkeit für einen Gewinn nur 33 % beträgt.

5

$P(A) = \left(\frac{1}{6}\right)^2 \cdot 6 = \frac{1}{6}$ $P(B) = 1 - P(\bar{5}) \approx 31\%$ $P(C) = 1 - P(2) = 1 - \frac{1}{36} \approx 97{,}2\,\%$

$P(D) = P(21;\ 31;\ 32;\ 41;\ 42;\ 43;\ 51;\ 52;\ 53;\ 54;\ 61;\ 62;\ 63;\ 64;\ 65) = \frac{15}{36} \approx 41{,}7\%$

6

$P(A) = 4 \cdot \frac{37}{100} \cdot \frac{42{,}5}{100} \cdot \frac{14}{100} \cdot \frac{6{,}5}{100} \approx 0{,}6\,\%$

$P(B) = P(\bar{0}00;\ 0\bar{0}0;\ 00\bar{0}) = 3 \cdot \frac{37}{100} \cdot \frac{37}{100} \cdot \frac{63}{100} \approx 25{,}9\,\%$

$P(C) = 1 - P(\text{kein B}) \approx 53\,\%$

$P(D) = 1 - P(\text{alle Blutgruppe A}) \approx 98{,}6\,\%$

3 Zuordnungen und Funktionen

3.1 Zuordnungen

1

(1) b; (2) c; (3) d; (4) a

2

a)

€	sfr
1	1,50
5	7,50
10	15
20	30
50	75
80	120
100	150
150	225
200	300

b), c) e → 1,5 e; e in Euro

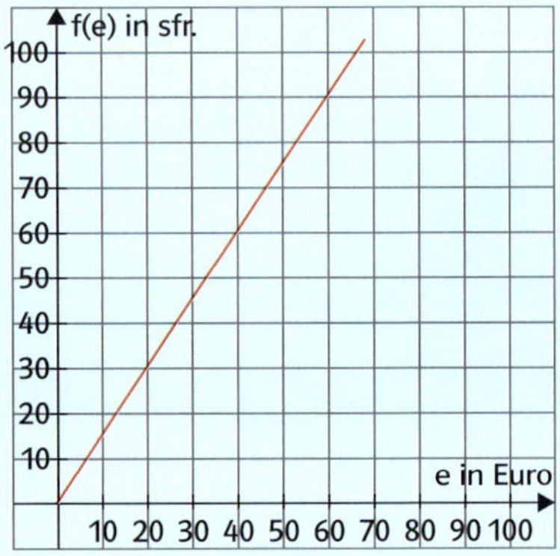

3

a) Der Zug fährt um 11.32 Uhr in Stuttgart ab, kommt um 11:42 Uhr in Esslingen an, hält dort 1 min, kommt um 11:50 Uhr in Plochingen an, fährt dort nach 7 min Halt um 11:57 Uhr ab, kommt um 12:03 Uhr in Wendlingen an, hält 1 min und fährt zum Ziel Nürtingen, wo er um 12:09 Uhr ankommt.

b)

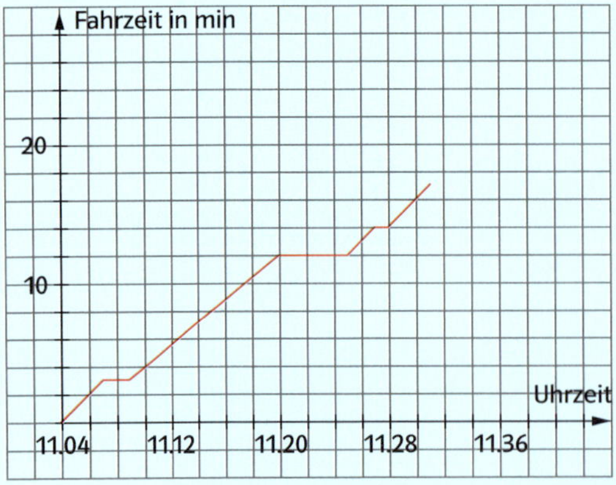

4

a) Temperatur → Höhe der Atmosphäre.
Mit zunehmender Höhe nimmt die Temperatur erst ab bis etwa −60 °C in knapp 20 km Höhe. Bis etwa 50 km Höhe nimmt die Termperatur zu (auf knapp +10 °C), danach sinkt die Temperatur wieder auf −80 °C in etwa 100 km Höhe. Danach steigt die Temperatur.
Temperatur → Seetiefe:
Die Temperatur nimmt von +20 °C bis +5 °C in 60 m Tiefe ständig ab.

b) (1) Temperatur → Höhe

Temperatur in °C	−60°	−20°	0°	20°
Höhe	20 km, 80 km und 110 km	~2 km, 40 km, 70 km, 115 km	~1 km, 45 km, 60 km, 120 km	0 km

(2) Temperatur → Seetiefe.

Temperatur in °C	5°	10°	15°	20°
Seetiefe	60 m	40 m	15 m	0 m

3.2 Funktionen als eindeutige Zuordnungen

1

a) und c) sind Funktionen, da zu jedem x-Wert genau ein y-Wert gehört.
b) keine Funktion, da zu einem x-Wert zwei y-Werte gehören.

2

a) Funktion, da zu jeder Seitenlänge x der eindeutige Umfang $f(x) = 4x$ gehört.
b) Funktion, da zu jedem Umfang die eindeutige Seitenlänge $f(x) = \frac{1}{4}U$ gehört.
c) keine Funktion, da die Schuhgröße nicht von der Körpergröße abhängt und zwei Personen mit gleicher Körpergröße unterschiedliche Schuhgrößen haben können.
d) Funktion, da jeder Zahl die Hälfte eindeutig zugeordnet wird mit $x \rightarrow \frac{1}{2}x$.

3

Überprüfe dich selbst.

4

(1) c) h; (2) b) g; (3) a) f

3.3 Proportionale Zuordnungen

1

a) proportional, $x \to 4x$

b) nicht proportional, $x \to x^2$

c) keine eindeutige Zuordnung, da Personen mit gleichem Gewicht unterschiedlich groß sein können.

d) proportional, falls kein Mengenrabatt

2

a)

x	0	1	2	3	4	7	0,4
f(x)	0	2,5	5	7,5	10	17,5	1

b)

x	0	1	2	3	4	6	1,5
f(x)	0	2,1	4,2	6,3	8,4	12,6	3,15

c)

x	0	1	2	3	4	9	2,5
f(x)	0	0,4	0,8	1,2	1,6	3,6	1

3

a) nicht proportional

b) nicht proportional, da $x \to x^2$

c) proportional mit $x \to 3{,}5x$

d) proportional mit $x \to 1{,}4x$

4

a) proportional mit $m = \frac{3}{2}$

b) – e) nicht proportional

f) proportional mit $m = \frac{2}{5}$

3.4 Zeichnen von Graphen proportionaler Zuordnungen

1

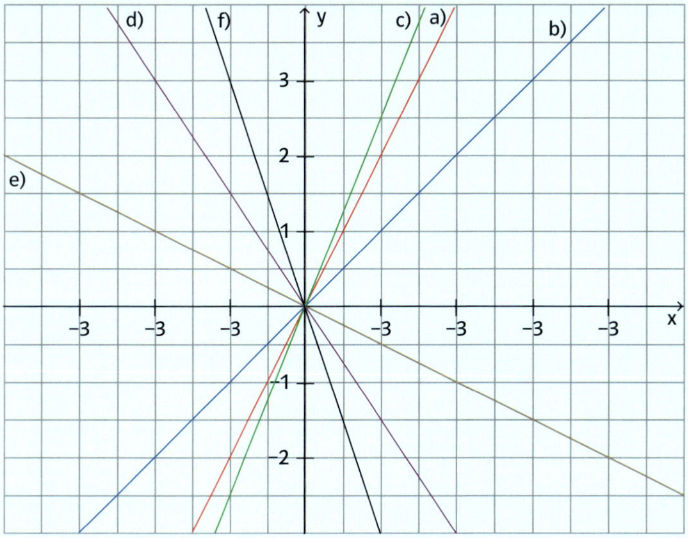

2

a)

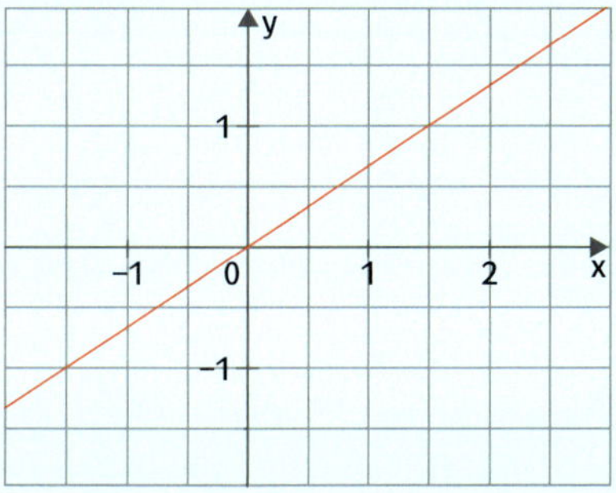

b)

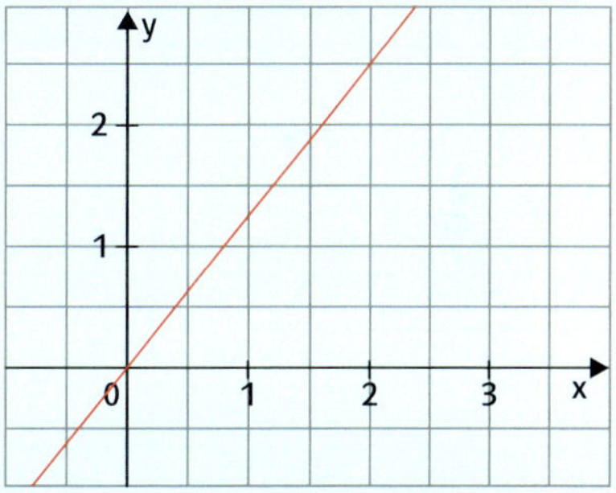

c)

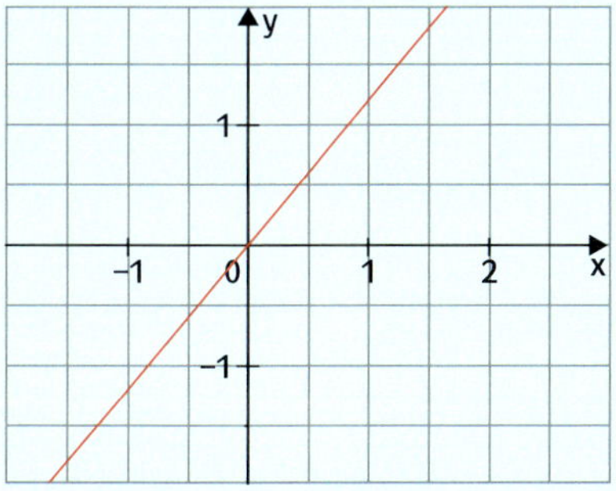

d)

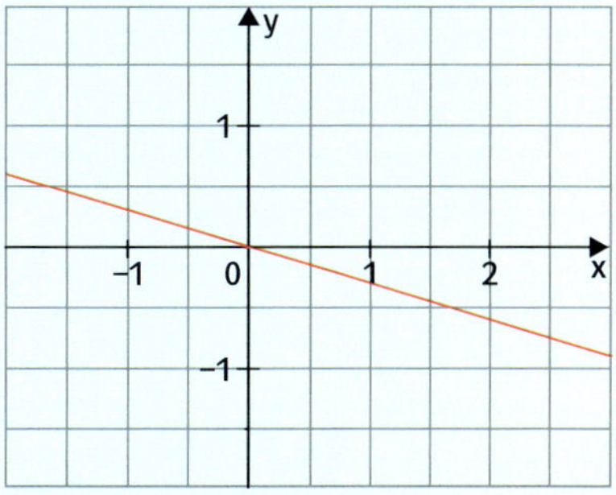

3

a)

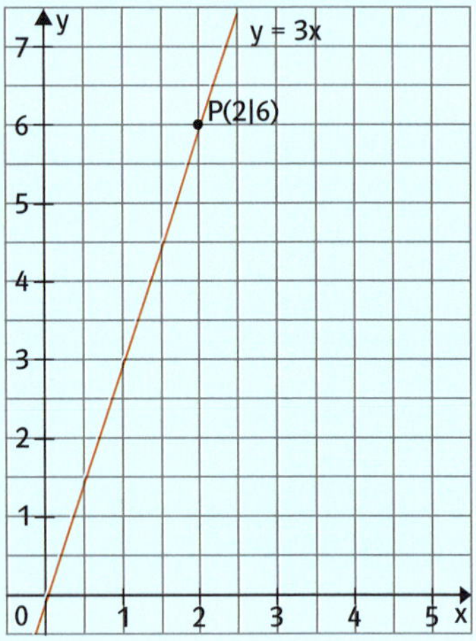

b)

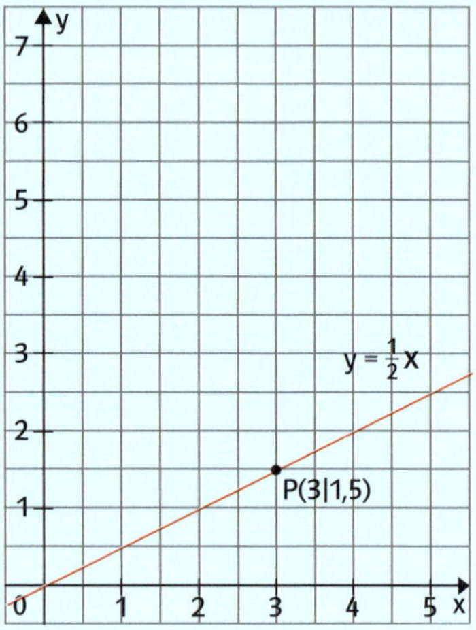

c)

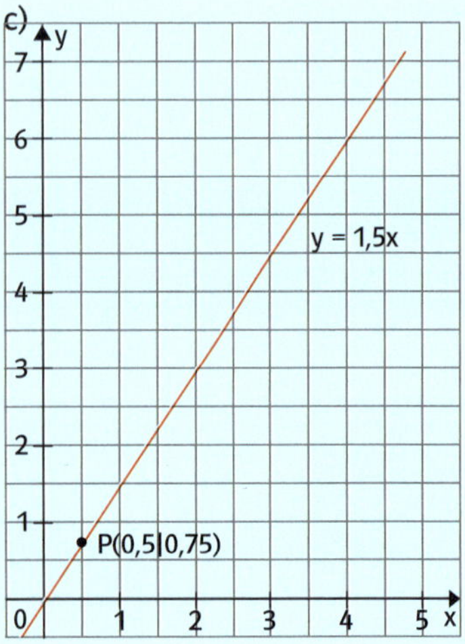

d)

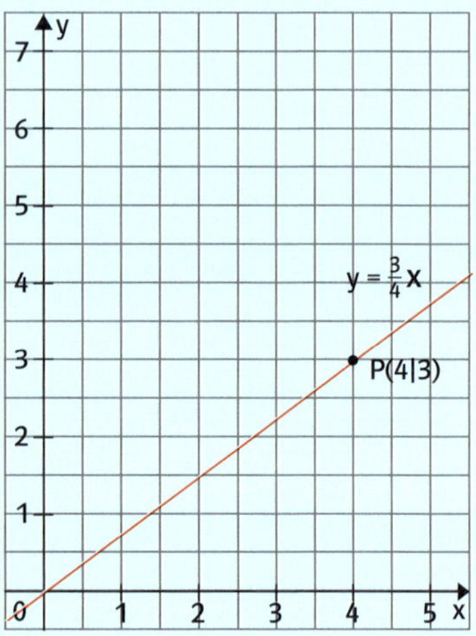

4

① $y = 4x$ ② $y = 2{,}5x$ ③ $y = 2x$ ④ $y = 1{,}5x$ ⑤ $y = \frac{3}{5}x$ ⑥ $y = \frac{1}{2}x$

3.5 Antiproportionale Zuordnungen

1

Geschwindigkeit	10 km/h	20 km/h	30 km/h	50 km/h	100 km/h
Zeit	12 h	6	4	$2\frac{2}{5}$	$1\frac{1}{5}$

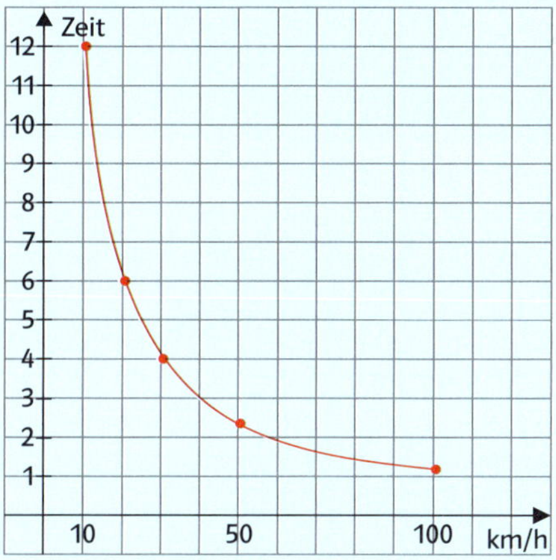

Zuordnungsvorschrift: $x \rightarrow \frac{120}{x}$

2

a) antiproportional mit $y = \frac{6}{x}$ b) proportional mit $y = 2x$ c) antiproportional mit $y = \frac{4{,}8}{x}$

d) weder proportional noch antiproportional, da $y = x^2$

3

a) 5 Tage b) $7\frac{1}{2}$ Tage c) 37,5 km d)

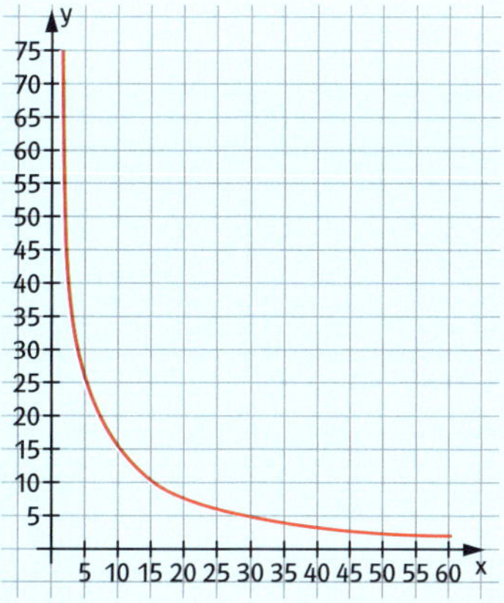

e) $y = \frac{150}{x}$

4

a) (1)

x	1	2	5	10	20
y	27	13,5	5,4	2,7	1,35

(2)

x	1	2	5	10	20
y	90	45	18	9	4,5

(3)

x	1	2	5	10	20
y	60	30	12	6	3

b) (1) $y = \frac{27}{x}$; (2) $y = \frac{90}{x}$; (3) $y = \frac{60}{x}$

3.6 Lineare Funktionen

1

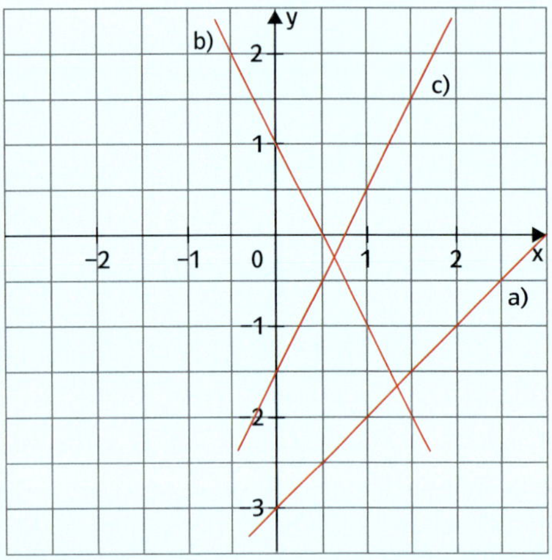

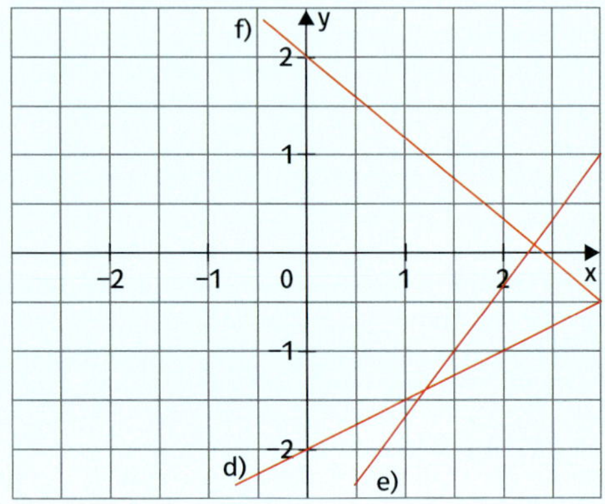

a) $f(x) = x - 3$

b) $f(x) = -2x + 1$

c) $f(x) = 2x - 1{,}5$

d) $f(x) = \frac{1}{2}x - 2$

e) $f(x) = \frac{4}{3}x - 3$

f) $f(x) = -\frac{5}{6}x + 2$

2

a)

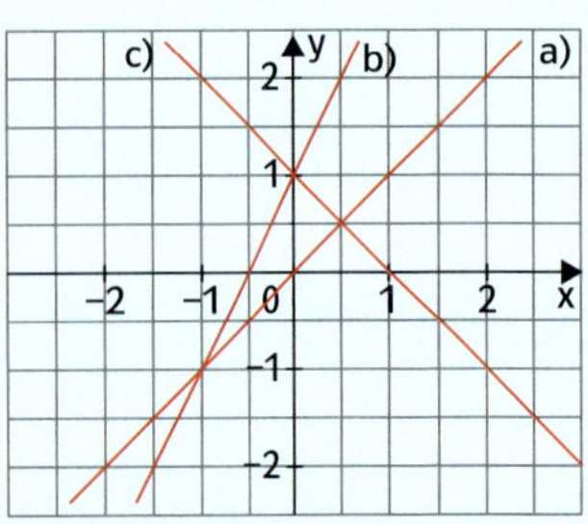

b)

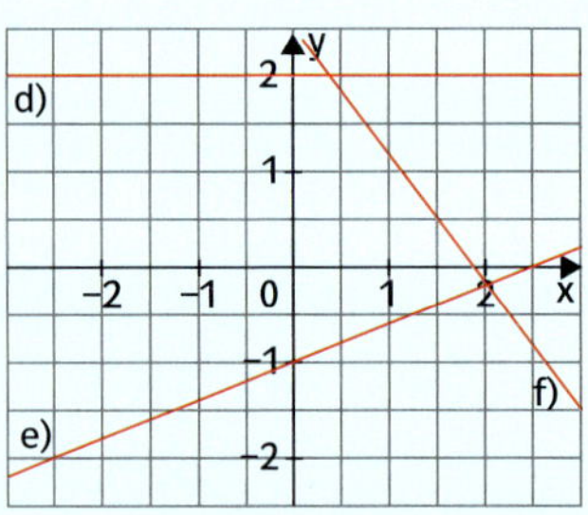

c)

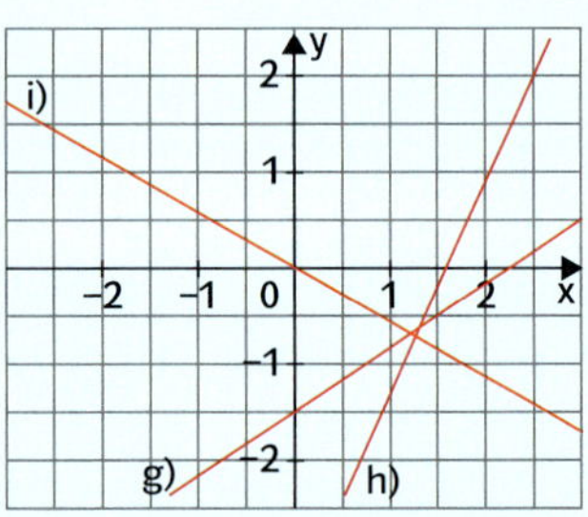

3

a) $y = 3x + 1$

b) $y = -2{,}5x - 2$

c) $y = 2x + 1$

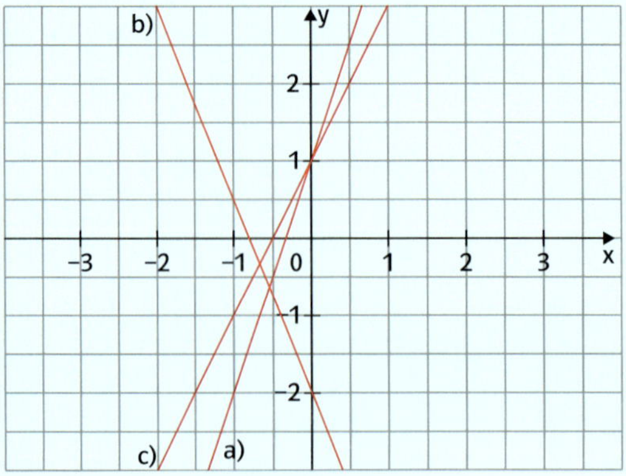

3.7 Bestimmen der Funktionsgleichung

1

a) $y = 2x + 2$ b) $y = 3x - 3$ c) $y = -\frac{4}{3}x + 4$ d) $y = -\frac{2}{3}x - 2$

2

a) $y = 3x + 5$
b) $y = -2x + 7$
c) $y = \frac{2}{5}x + 2{,}4$
d) $y = -\frac{4}{3}x - 2\frac{1}{3}$

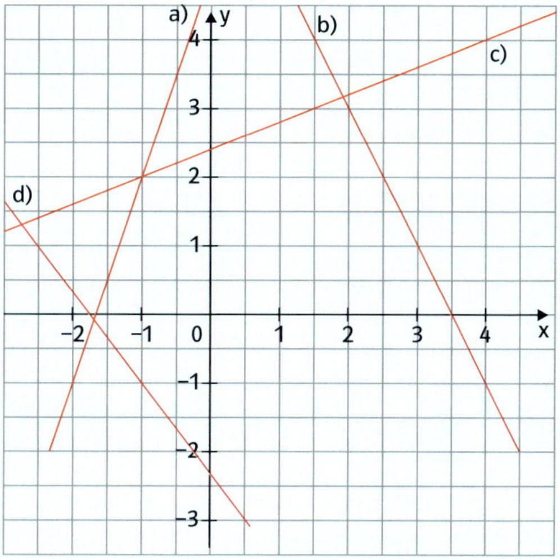

3

a) Rechne so: $m = \frac{4-2}{2-1} = 2$; $2 = 2 \cdot 1 + c$, also $c = 0$, $y = 2x$
b) $y = -\frac{6}{5}x + 2{,}6$
c) $y = \frac{1}{2}x + 4$
d) $y = -\frac{1}{2}x + 2{,}5$

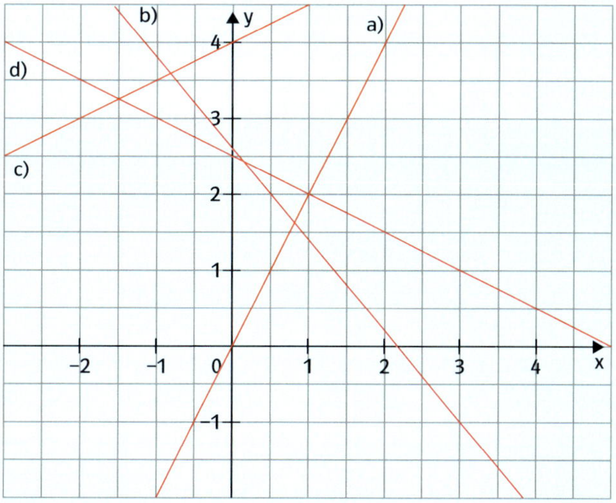

4

a) $5 = m \cdot 3 + 2$, also $m = 1$ b) $m = -\frac{3}{2}$ c) $m = -\frac{1}{2}$ d) $m = 0$

5

a) $c = 3{,}5$ b) $c = 6$ c) $c = -4$ d) $c = 2{,}5$

3.8 Schnittpunkte von Geraden mit den Koordinatenachsen

1

a) $(0|-2)$; $(5|0)$ b) $(0|-1{,}6)$; $(3{,}6|0)$ c) $(0|7)$; $\left(\frac{7}{3}\middle|0\right)$ d) $(0|-2)$; $\left(-2\frac{2}{3}\middle|0\right)$

2

a) $y = x + 4$; $(0|4)$; $(-4|0)$ b) $y = -\frac{1}{9}x + 2\frac{1}{3}$; $\left(0\middle|2\frac{1}{3}\right)$; $(21|0)$

c) $y = \frac{1}{2}x + 3$; $(0|3)$; $(-6|0)$ d) $y = -2x - 1$; $(0|-1)$; $\left(-\frac{1}{2}\middle|0\right)$

3.9 Lagebeziehungen von Geraden

1

a) $S(-2|-1)$ b) $S(1|1)$ c) $S(-1|3)$ d) $S(-5|-0{,}5)$

2

a) $m = 3$ bei beiden Geraden, also $f \parallel g$
b) $c = -2$ bei beiden Geraden, also schneidet f g in $(0|-2)$
c) $m = \frac{3}{4}$ bei beiden Geraden; $c = -1$, also $f = g$
d) Die Geraden schneiden sich.

3

a) $y = 2$; $y = -2$; $y = 2x$; $y = -2x$
b) $y = 3x + 1$; $y = 3x - 1$; $y = -3x + 1$; $y = -3x - 1$
c) $y = 1$; $y = -1$; $y = x + 1$; $y = x - 1$; $y = -x + 1$; $y = -x - 1$
d) $y = 2x$; $y = -2x$; $y = 2x + 2$; $y = 2x - 2$; $y = -2x - 2$; $y = -2x + 2$

3.10 Anwendungen

1

Geradengleichung durch P(3 | 20) und Q(6 | 40): $y = \frac{20x}{3} = \frac{20}{3}x$

Punkte $\left(8 \,\middle|\, 55\frac{1}{3}\right)$ und (9 | 60) einsetzen – stimmt.

$x = 14\,\text{cm}$, also Gesamtlänge $y = \frac{20}{3} \cdot 14\,\text{cm} \approx 93\,\frac{1}{3}\,\text{cm}$.

$y = 1{,}30\,\text{m}$, also Schwanzlänge $x = \frac{130\,\text{cm}}{20} \cdot 3 = 19{,}5\,\text{cm}$.

2

a) Temperatur in °C: $y = (T_F - 32) : 1{,}8$ Temperatur in °F: $y = T_C \cdot 1{,}8 + 32$

b) Der Gefrierpunkt des reinen Wassers liegt bei 32 °F.

c) $\frac{100\,°\text{C} - 32}{1{,}8} \approx 37{,}8\,°\text{C}$

3

Tarif A: $y = 0{,}5 \cdot x + 25$

Tarif B: $y = 0{,}7 \cdot x$

a) Frau Cremer ist $(300 - 25) \cdot 2 = 550\,\text{km}$ gefahren.

b) Die Geraden schneiden sich im Punkt (125 | 87,5), d. h. fährt man mehr als 125 km, ist Tarif A billiger, sonst Tarif B.

c) Bei Tarif A geht das nicht wegen der 25 € Grundgebühr. Tarif B ist eine proportionale Zuordnung, also kann man für doppelt so viel Geld auch doppelt so lange fahren.

Test

1

a) ② und ③ sind keine Funktionen, da sie nicht eindeutig sind.
① ist das Schaubild einer Funktion, da zu jedem x-Wert genau ein y-Wert gehört.

b) Einziger Unterschied ist, dass jede proportionale Zuordnung durch den Ursprung geht. Ansonsten gehören die proportionalen Zuordnungen zu den linearen Funktionen.

2

a) $y = -\frac{7}{4}x + 1{,}5$ b) $y = 2{,}5x - 2$ c) $y = \frac{2}{7}x - \frac{4}{7}$ d) $y = -\frac{1}{3}x + 0{,}5$

3

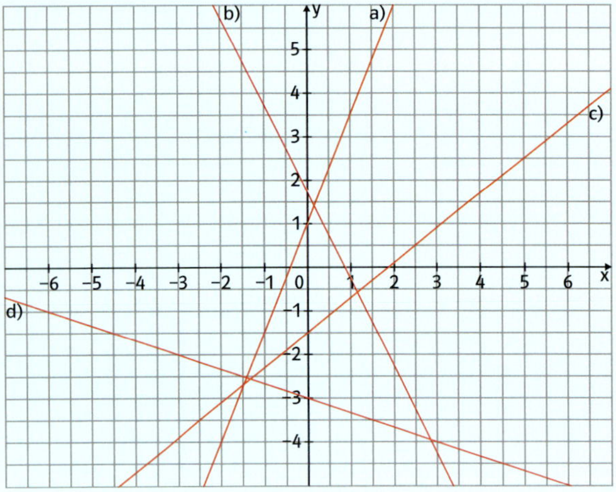

4

a) $y = \frac{2}{3}x + 1$; (0 | 1); (−1,5 | 0)

b) $y = -3$; (0 | −3)

5

a) Tankinhalt: $y = -9{,}5 \cdot x + 66{,}5$; x in 100 km. Nach 250 km sind noch 42,75 l im Tank.

b) Herr Schmid kommt maximal 700 km weit.

6

a) $y = 150 - 0{,}25x$

b) Nach 600 s ist der ganze Sand durchgerieselt.

c) Nach 440 s befinden sich oben noch 40 mm^3 Sand.

4 Terme und Gleichungen

4.1 Rechnen mit Termen und Variablen

1

a) $3 \cdot 2 - 4 = 2$
b) $2 \cdot (-1) + 3 = 1$
c) $\frac{2}{3} + \frac{1}{3} = \frac{3}{3} = 1$
d) $5 - \frac{4}{2} = 5 - 2 = 3$
e) $2 - 2 = 0$
f) $\frac{2}{2} + \frac{4}{2} = 1 + 2 = 3$
g) $2 - \frac{6}{2} + 3 \cdot 2 = 2 - 3 + 6 = 5$
h) $\frac{2}{2} + 2 \cdot 2 - \frac{2}{2} = 1 + 4 - 1 = 4$

2

a)

Variable	−1	0	1
Term $2 \cdot x - 1$	$2 \cdot (-1) - 1$	$2 \cdot 0 - 1$	$2 \cdot 1 - 1$
Vereinfachung	$-2 - 1$	$0 - 1$	$2 - 1$
Lösung	-3	-1	1

b)

Variable	−1	0	1
Term $4 \cdot (-y) + 4$	$4 \cdot (-(-1) + 4$	$4 \cdot (-0) + 4$	$4 \cdot (-1) + 4$
Vereinfachung	$4 + 4$	$0 + 4$	$-4 + 4$
Lösung	8	4	0

c)

Variable	−1	0	1
Term $\frac{3}{z} - 2$	$\frac{3}{(-1)} - 2$	$\frac{3}{0} - 2$	$\frac{3}{1} - 2$
Vereinfachung	$-3 - 2$	–	$3 - 2$
Lösung	-5	keine Lösung	1

d)

Variable	−1	0	1
Term $\frac{a}{2} - \frac{5}{a}$	$-\frac{1}{2} - \frac{5}{-1}$	$\frac{0}{2} - \frac{5}{0}$	$\frac{1}{2} - \frac{5}{1}$
Vereinfachung	$-\frac{1}{2} + \frac{5}{1}$	$0 - \frac{5}{0}$	$\frac{1}{2} - 5$
Lösung	$\frac{9}{2}$	keine Lösung	$-\frac{9}{2}$

3

a) $3x + x - 2x = 4x - 2x = 2x$

b) $4x - 2x + 8y - 5y = 2x + 3y$

c) $2x - x + y + y - 2z + 5z = x + 2y + 3z$

4

a) $\frac{x}{2} + \frac{x}{3} + \frac{x}{6} = \frac{3x}{6} + \frac{2x}{6} + \frac{x}{6} = \frac{(3x + 2x + x)}{6} = \frac{6x}{6} = x$

b) $\frac{1}{x} + \frac{2}{x} + \frac{3}{x} = \frac{(1 + 2 + 3)}{x} = \frac{6}{x}$

c) $\frac{x}{2} + \frac{x}{4} + \frac{y}{3} + \frac{y}{6} = \frac{6x}{12} + \frac{3x}{12} + \frac{4y}{12} + \frac{2y}{12} = \frac{(6x + 3x + 4y + 2y)}{12} = \frac{(9x + 6y)}{12}$

d) $\frac{x}{2} + \frac{y}{2} = \frac{(x + y)}{2}$

e) $\frac{x}{2} + \frac{y}{3} + \frac{z}{6} = \frac{3x}{6} + \frac{2y}{6} + \frac{z}{6} = \frac{(3x + 2y + z)}{6}$

5

a) $2a - a + 6ab - 4ab + 2b - 2b + 8 - 7 = a + 2ab + 1$

b) $a + 3a - b + 5b + 2ab - ab + 5ac + 4ac + 2bc + bc + abc + 2abc + 4 - 2 =$
$4a + 4b + ab + 9ac + 3bc + 3abc + 2$

4.2 Umformen von Termen

1

a) $x + 1 + x = x + x + 1 = 2x + 1$

b) $x + 2 + x - 6 - x = x + x - x + 2 - 6 = x - 4$

c) $\frac{x}{2} + \frac{3}{2} + \frac{3x}{2} - \frac{1}{2} = \frac{x}{2} + \frac{3x}{2} + \frac{3}{2} - \frac{1}{2} = \frac{4x}{2} + \frac{2}{2} = 2x + 1$

d) $-x + 3 + x - 3 = -x + x + 3 - 3 = 0x - 0 = 0 - 0 = 0$

e) $x \cdot 5 = 5 \cdot x = 5x$

f) $x \cdot (-4) = (-4) \cdot x = -4 \cdot x = -4x$

g) $x \cdot 3 - x \cdot (-2) = 3 \cdot x - (-2) \cdot x = 3x - (-2x) = 3x + 2x = 5x$

h) $\frac{x}{2} + x \cdot 2 + \frac{5x}{2} = \frac{x}{2} + 2x + \frac{5x}{2} = 2x + \frac{x}{2} + \frac{5x}{2} = 2x + \frac{6x}{2} = 2x + 3x = 5x$

i) $2a + 5b + 5a + 2b = 2a + 5a + 5b + 2b = 7a + 7b$

j) $a \cdot 3 \cdot 2 \cdot b \cdot 4 = 2 \cdot 3 \cdot 4 \cdot a \cdot b = 24 \cdot a \cdot b = 24ab$

k) $(-2) + b + (-a) + (-1) + 4 = -1 - 2 + 4 - a + b = 1 - a + b$

2

Tim putzt zweimal drei Minuten: $2 \cdot 3 = 3 \cdot 2 = 6$. Tom putzt dreimal zwei Minuten: $3 \cdot 2 = 2 \cdot 3 = 6$.

3

a) Punkt- geht vor Strichrechnung: $x \cdot 7 + 2 = 7x + 2$

b) falsches Rechenzeichen: $3x + 8 - 2x = 3x - 2x + 8 = x + 8$

c) Punkt- geht vor Strichrechnung: $4x + 3x \cdot 2y + 2y = 4x + 2 \cdot 3 \cdot xy + 2y = 4x + 6xy + 2y$

4

a) $3 \cdot (5 \cdot x) = (3 \cdot 5) \cdot x = 3 \cdot 5 \cdot x = 15 \cdot x = 15x$

b) $(x + 3) + 1 = x + (3 + 1) = x + 3 + 1 = x + 4$

c) $(x \cdot (-2)) \cdot (-6) = x \cdot ((-2) \cdot (-6)) = x \cdot (-2) \cdot (-6) = x \cdot 12 = 12x$

d) $(x + (-4)) + (-8) = x + ((-4) + (-8)) = x + (-4) + (-8) = x - 4 - 8 = x - 12$

e) $6x + (4x + 7y) = (6x + 4x) + 7y = 6x + 4x + 7y = 10x + 7y$

f) $-a + (-2a + b) = (-a + (-2a)) + b = -a - 2a + b = -3a + b$

g) $5 \cdot (3 \cdot a) \cdot b = 5 \cdot 3 \cdot a \cdot b = 15ab$

5

a) Der Faktor 3 taucht doppelt auf
$3 \cdot (2 \cdot x) = 3 \cdot 2 \cdot x = 6x$

b) $4x + 2$ ergibt nicht $6x$
$2x + (4x + 2) = 2x + 4x + 2 = 6x + 2$

6

a) $4(x + 1) = 4 \cdot x + 4 \cdot 1 = 4x + 4$

b) $-3(x - 8) = (-3) \cdot x + (-3) \cdot (-8) = -3x + 24$

c) $x(6 + 7) = x \cdot 6 + x \cdot 7 = 6x + 7x = 13x$
Beachte den alternativen (und eleganteren) Lösungsweg, wenn du zuerst den Klammerinhalt berechnest: $x(6 + 7) = x \cdot 13 = 13x$

d) **Beachte: die innere Klammer zuerst auflösen!**
$2(x + 2(x + 1)) = 2(x + 2x + 2) = 2(3x + 2) = 6x + 4$

e) $2(a + b) = 2a + 2b$

f) $3(p - q) = 3p - 3q$

g) $5(2x + 3y) - 2(x - 4y) = 10x + 15y - 2x + 8y = 10x - 2x + 15y + 8y = 8x + 23y$

h) $3(4a - 2b + 6c) - 6(2a - b + 3c) = 12a - 6b + 18c - 12a + 6b - 18c = 12a - 12a - 6b + 6b + 18c - 18c = 0$

i) $3a(4b - 2c) = 12ab - 6ac$

j) $4b(a - 1) = 4ba - 4b = 4ab - 4b$

7

a) $5x + 10 = 5 \cdot x + 5 \cdot 2 = 5(x + 2)$

b) $8x - 4 = 4 \cdot 2 \cdot x - 4 \cdot 1 = 4(2x + 1)$

c) $9 - 3x = 3 \cdot 3 - 3 \cdot x = 3(3 - x)$

d) $-2 - 2x = -2 \cdot 1 + (-2) \cdot x = -2(1 + x)$

e) $4x - 4y = 4(x - y)$

f) $6a + 3b - 9c = 3(2a + b - 3c)$

g) $6p - 2q + 2p + 4q = 2(3p - q + p + 2q) = 2(3p + p + 2q - q) = 2(4p + q)$
alternativ: $6p - 2q + 2p + 4q = 6p + 2p + 4q - 2q = 8p + 2q = 2(4p + q)$

h) $2ab + 4ac = 2a(b + 2c)$

8

a) x wurde nicht mit 3 multipliziert: $3(2 + x) = 3 \cdot 2 + 3 \cdot x = 6 + 3x = 3x + 6$

b) minus mal minus gibt plus: $-2(x - 4) = -2x + 8$

9

Herr Maier rechnet: $(8 + 4) \cdot 5 = 12 \cdot 5 = 60$

Frau Maier rechnet: $8 \cdot 5 + 4 \cdot 5 = 40 + 20 = 60$

daher: $(8 + 4) \cdot 5 = 8 \cdot 5 + 4 \cdot 5$

4.3 Lösen von Gleichungen – Äquivalenzumformungen

1

a) $x + 1 = 4$ | −1
$x = 3$ Lösung
Probe: $3 + 1 = 4$ Ware Aussage, d.h. $x = 3$ ist die richtige Lösung.

b) $6x - 8 = 4$ | +8
$6x = 12$ | :6
$x = 2$ Lösung
Probe: $6 \cdot 2 - 8 = 4$ Wahre Aussage, d.h. $x = 2$ ist die richtige Lösung.

c) $3x + 1 = 4x$ | − 3x
$1 = x$ | Vertauschen der Seiten (nicht unbedingt nötig)
$x = 1$ Lösung
Probe: $3 \cdot 1 + 1 = 4 \cdot 1$ Wahre Aussage, d.h. $x = 1$ ist die richtige Lösung.

d) $20 - x = 2x + 8$ | − 8
$12 - x = 2x$ | + x
$12 = 3x$ | :3
$4 = x$ | Vertauschen der Seiten (nicht unbedingt nötig)
$x = 4$ Lösung
Probe: $20 - 4 = 2 \cdot 4 + 8$ Wahre Aussage, d.h. $x = 4$ ist die richtige Lösung.

e) $\frac{x}{6} = 2$ | ·6
$x = 12$ Lösung
Probe: $\frac{12}{6} = 2$ Wahre Aussage, d.h. $x = 12$ ist die richtige Lösung.

f) $\frac{8}{x} = 4$ | ·x
$8 = 4x$ | :4
$2 = x$ | Vertauschen der Seiten (nicht unbedingt nötig)
$x = 2$ Lösung
Probe: $\frac{8}{2} = 4$ Wahre Aussage, d.h. $x = 2$ ist die richtige Lösung.

g) $\frac{x}{2} + 4 = 7$ | -4
$\frac{x}{2} = 3$ | $\cdot 2$
$x = 6$ Lösung
Probe: $\frac{6}{2} + 4 = 7$ Wahre Aussage, d.h. $x = 6$ ist die richtige Lösung.

h) $4 + \frac{x}{3} = 2x - 1$ | Der „eleganteste" Beginn ist beidseitige Multiplikation mit 3, um den Bruch $\frac{x}{3}$ zu kürzen. Beachte dabei das Setzen von Klammern!
$12 + x = 6x - 3$ | $+3$
$15 + x = 6x$ | $-x$
$15 = 5x$ | $:5$ und Seitentausch
$x = 3$ Lösung
Probe: $4 + \frac{3}{3} = 2 \cdot 3 - 1$ Wahre Aussage, d.h. $x = 3$ ist die richtige Lösung.

i) $2(x + 1) = 4$ | Klammern auflösen
$2x + 2 = 4$ | -2
$2x = 2$ | $:2$
$x = 1$ Lösung
Probe: $2(1 + 1) = 4$ Wahre Aussage, d.h. $x = 1$ ist die richtige Lösung.

j) $3(x + 6) = 9x$ | Klammern auflösen
$3x + 18 = 9x$ | $-3x$
$18 = 6x$ | $:6$ und Seitentausch
$x = 3$ Lösung
Probe: $3(3 + 6) = 9 \cdot 3$ Wahre Aussage, d.h. $x = 3$ ist die richtige Lösung.

k) $\frac{1}{2}(5x - 1) = 3x - 1$ | Der eleganteste Beginn ist nicht die Klammer aufzulösen, sondern die Multiplikation mit 2, um den Bruch zu entfernen. Beachte das Bilden und Verschwinden von Klammern.
$5x - 1 = 2(3x - 1)$ | Klammern auflösen
$5x - 1 = 6x - 2$ | $+1$
$5x = 6x - 1$ | $-6x$
$-x = -1$ | $\cdot(-1)$ oder $:(-1)$
$x = 1$ Lösung
Probe: $5 \cdot 1 - 1 = 2 \cdot (3 \cdot 1 - 1)$ Wahre Aussage, d.h. $x = 1$ ist die richtige Lösung.

2

a) $5x - x = 2x + 3 + 1$ | Zusammenfassen
$4x = 2x + 4$ | $-2x$
$2x = 4$ | $:2$
$x = 2$ Lösung

b) $3(x+4) = 6x - 2 - x$ | Ausklammern links und zusammenfassen rechts
$3x + 12 = 5x - 2$ | + 2
$3x + 14 = 5x$ | − 3x
$14 = 2x$ | : 2
$7 = x$ Lösung

c) $2(x+5) = 3(x-2)$ | Klammern auflösen
$2x + 10 = 3x - 6$ | + 6
$2x + 16 = 3x$ | − 2x
$16 = x$ Lösung

d) $4(x-1) + 3(x+8) = 5(x+7) - 2(x-1) - 1$ | Klammern auflösen
$4x - 4 + 3x + 24 = 5x + 35 - 2x + 2 - 1$ | Zusammenfassen
$7x + 20 = 3x + 36$ | −20 | − 3x
$4x = 16$ | : 4
$x = 4$ Lösung

e) $2x + 3x = 4x + x$ | Zusammenfassen
$5x = 5x$ | − 5x
$0 = 0$ Lösung (allgemeine wahre Aussage)

Die Gleichung 0 = 0 ist allgemein wahr, d.h. egal, welche Zahl du für x in die Ausgangsgleichung einsetzt, du erhältst immer eine richtige Lösung!

f) $2x + 1 = 2x + 2$ | − 1
$2x = 2x + 1$ | − 2x
$0 = 1$ Keine Lösung (allgemeine falsche Aussage)

Die Gleichung 0 = 1 ist allgemein falsch, d.h. die Ausgangsgleichung ist unlösbar!

3

a) $3(x + 4(x+2)) = 5(x + 2(2x+1)) - 6$ | Innere Klammern auflösen
$3(x + 4x + 8) = 5(x + 4x + 2) - 6$ | Klammerinhalt zusammenfassen
$3(5x + 8) = 5(5x + 2) - 6$ | Klammern auflösen
$15x + 24 = 25x + 10 - 6$ | − 24
$15x = 25x - 20$ | − 25x
$-10x = -20$ | : (−10)
$x = 2$ Lösung

b) $2(x + 3(4 - x)) = 4(3 - (3x - 1))$ | Innere Klammern auflösen
$2(x + 12 - 3x) = 4(3 - 3x + 1)$ | :2 **Vorteil: linke Klammer fällt weg**
$x + 12 - 3x = 2(3 - 3x + 1)$ | Zusammenfassen
$-2x + 12 = 2(-3x + 4)$ | Klammern auflösen
$-2x + 12 = -6x + 8$ | + 6x
$4x + 12 = 8$ | − 12
$4x = -4$ | :4
$x = -1$ Lösung

4

a) $y - x = 3$ | + x
$y = x + 3$ | Gleichung ist nach y aufgelöst

b) $-4x + y = 2x - 1$ | + 4x
$y = 6x - 1$ | Gleichung ist nach y aufgelöst

c) $3x - y + 6 = y + 5x + 8$ | − 6
$3x - y = y + 5x + 2$ | − 3x
$-y = y + 2x + 2$ | − y
$-2y = 2x + 2$ | :(−2)
$y = -x - 1$ | Gleichung ist nach y aufgelöst

5

a) $3(a + b) = 2(a - b) + 4(b + 1)$ | Klammern auflösen
$3a + 3b = 2a - 2b + 4b + 4$ | Zusammenfassen
$3a + 3b = 2a + 2b + 4$ | − 2a | − 2b
$a + b = 4$ Gleichung ist umgeformt

b) $8(a + b + c) + 5 = 3(a - b) + 2(a + c) + 4(b + c) + 1$ | Klammern auflösen
$8a + 8b + 8c + 5 = 3a - 3b + 2a + 2c + 4b + 4c + 1$ | Zusammenfassen
$8a + 8b + 8c + 5 = 5a + b + 6c + 1$ | − 5a | − b | − 6c | − 5
$3a + 7b + 2c = -4$ Gleichung ist umgeformt

c) $4(x + y) - 3(x - z) + 3 = 3(y + z + 1) - z$ | Klammern auflösen
$4x + 4y - 3x + 3z + 3 = 3y + 3z + 3 - z$ | Zusamenfassen
$x + 4y + 3z + 3 = 3y + 2z + 3$ | − 3y | − 2z | − 3
$x + y + z = 0$ Gleichung ist umgeformt

6

Das logische Symbol „⇔“ bedeutet, dass eine Äquivalenzumformung durchgeführt wird.

Fehler in Zeile 2: x wurde nicht mit 2 multipliziert.

$x + \frac{3}{2} = 2 \Leftrightarrow x \cdot 2 + \frac{3 \cdot 2}{2} = 2 \cdot 2 \Leftrightarrow 2x + 3 = 4 \Leftrightarrow 2x + 3 = 4 \Leftrightarrow 2x + 3 - 3 = 4 - 3 \Leftrightarrow 2x = 1 \Leftrightarrow x = \frac{1}{2}$

4.4 Aufstellen von Gleichungen

1

Setzt man das heutige Alter von Peter gleich x, folgt daraus:

Alter von Peter heute: x	Alter von Peter in 8 Jahren: $x + 8$
Alter von Opa heute: $6x$	Alter von Opa in 8 Jahren: $4(x + 8) = 6x + 8$

Für Opa gibt es zwei Bedingungen, die gleich sein müssen.
Die Lösung der Gleichung ergibt:

$4(x + 8) = 6x + 8$	| Klammer auflösen
$4x + 32 = 6x + 8$	| $-4x$
$32 = 2x + 8$	| -8
$24 = 2x$	| $:2$
$12 = x$	Lösung: Alter von Peter

Peter ist heute 12 Jahre alt, Opa ist $6 \cdot 12 = 72$ Jahre alt.

2

Setzt man das heutige Alter von Ralf gleich x, folgt daraus:

Alter von Ralf heute: x	Alter von Ralf in 1 Jahr: $x + 1$
Alter von Rolf heute: $2(x + 1) - 1$	Alter von Rolf in 1 Jahr: $2(x + 1)$
Alter von Rudolf heute: $7x$	Alter von Rudolf in 1 Jahr: $7x + 1 = 2 \cdot (x + 1 + 2(x + 1))$

Für Rudolf gibt es zwei Bedingungen, die gleich sein müssen.
Die Lösung der Gleichung ergibt:

$7x + 1 = 2 \cdot (x + 1 + 2(x + 1))$	| Innere Klammern auflösen
$7x + 1 = 2 \cdot (x + 1 + 2x + 2)$	| Zusammenfassen
$7x + 1 = 2 \cdot (3x + 3)$	| Klammern auflösen
$7x + 1 = 6x + 6$	| $-6x$ | -1
$x = 5$	| Lösung: Alter von Ralf

Ralf ist heute 5, Rolf ist heute $2(5 + 1) - 1 = 11$ und Rudolf ist heute $7 \cdot 5 = 35$ Jahre alt.

3

Setzt man die Anzahl der Raben auf dem unteren Ast vor dem Abflug gleich x, ergibt sich:

Unterer Ast vorher: x | Unterer Ast nachher: $x - 4$

Oberer Ast vorher : $\frac{x}{3}$ | Oberer Ast nachher: $\frac{2x}{3}$

Die Anzahl der Raben vorher und nachher muss gleich sein:

$x + \frac{x}{3} = x - 4 + \frac{2x}{3}$ | $\cdot 3$

$3x + x = 3x - 12 + 2x$ | Zusammenfassen

$4x = 5x - 12$ | $- 5x$

$-x = -12$ | $\cdot(-1)$

$x = 12$ Lösung: Anzahl der Raben auf dem unteren Ast vorher

Insgesamt sitzen $12 + \frac{12}{3} = 12 + 4 = 16$ Raben auf dem Baum.

4

a) x Spiele wurden gewonnen; $(34 - 3 - x)$ Spiele gingen unentschieden aus.
Punkte für die gewonnenen Spiele + Punkte für die unentschiedenen Spiele = 73
$3 \cdot x + 1 \cdot (34 - 3 - x) = 73 \Rightarrow x = 21$
Gewonnen: 21 Spiele; Unentschieden: 10 Spiele; Verloren: 3 Spiele

b) x Spiele wurden Gewonnen; $(34 - 5 - x)$ Spiele gingen verloren.
$3 \cdot x + 5 = 71 \Rightarrow x = 22$
Gewonnen: 22 Spiele; Verloren: 7 Spiele; Unentschieden: 5 Spiele

5

Der Jahresverbrauch beträgt x kWh

$2{,}53 \cdot 12 + 0{,}146 \cdot x = 9{,}18 \cdot 12 + 0{,}118 \cdot x \Rightarrow x = 2850$

Wenn der Jahresverbrauch 2850 kWh beträgt, sind die Kosten gleich.

4.5 Formeln

1

a) Der Flächeninhalt eines Rechtecks ist das Produkt seiner beiden verschiedenen Seiten.
Formel: $A = a \cdot b$

b) Berechnung: $A = 4\,cm \cdot 2\,cm = 8\,cm^2$

2

Der Flächeninhalt eines rechtwinkligen Dreiecks ist halb so groß wie der eines Rechtecks, das diagonal durchgeschnitten wird.

Formel: $A = \frac{1}{2} \cdot a \cdot b$

3

Der Flächeninhalt eines Quadrats ist das Produkt von zwei seiner vier gleich langen Seiten.

Formel: $A = a \cdot a = a^2$; Berechnung: $A = 1\,dm \cdot 1\,dm = 1\,dm^2$

4

a) Bei Verdopplung ändert sich die Seitenlänge von a auf 2a. Für den Flächeninhalt gilt dann:
   Formel: $A = (2 \cdot a) \cdot (2 \cdot a) = 4 \cdot a \cdot a$, d.h. der Flächeninhalt vervierfacht sich.

b) Berechnung: $A = (2 \cdot 1\,dm) \cdot (2 \cdot 1\,dm) = 2\,dm \cdot 2\,dm = 4\,dm^2$

5

Der Durchmesser eines Kreises ist doppelt so lang wie sein Radius.

Formel: $d = 2r$

Aulösen der Formelgleichung nach der Variablen a:

$d = 2r$ | : 2

$\frac{d}{2} = r$ | Vertauschen der Seiten

$r = \frac{d}{2}$ Formel ist nach r aufgelöst

Berechnung: $r = \frac{6\,cm}{2} = 3\,cm$

6

Der Umfang eines Dreiecks ist die Summe seiner drei gleich langen Seiten.

(Wegen der gleichen Länge reicht für die Seiten eine Variable aus!)

Formel: $u = a + a + a$ | Vereinfachung

$u = 3a$

Auflösen der Formelgleichung nach der Variablen a:

$u = 3a$ | : 3

$\frac{u}{3} = a$ | Vertauschen der Seiten

$a = \frac{u}{3}$ Formel ist nach a aufgelöst

Berechnung: $a = \frac{12\,cm}{3} = 4\,cm$

7

Anzahl der Zellen am Anfang:	x
nach 4 Stunden:	$2 \cdot x = 2x$
nach 8 Stunden:	$2 \cdot 2 \cdot x = 4x$
:	
nach 24 Stunden:	$2 \cdot 2 \cdot 2 \cdot 2 \cdot 2 \cdot 2 \cdot x = 64x$
Formel:	$y = 64x$

Nach einem Tag wären 64 Zeilen vorhanden.

8

Anzahl der Viren am Anfang: x

nach 6 Stunden: $\frac{x}{2}$

nach 12 Stunden: $\frac{x}{2} : 2 = \frac{x}{2} \cdot \frac{1}{2} = \frac{x}{4}$

nach 18 Stunden: $\frac{x}{4} \cdot \frac{1}{2} = \frac{x}{8}$

nach 24 Stunden: (1 Tag) $\frac{x}{8} \cdot \frac{1}{2} = \frac{x}{16}$

Formel: $y = \frac{x}{16}$

Berechnung: $y = \frac{10\,000}{16} = 625$

Nach einem Tag sind noch 625 Viren vorhanden, 10000 − 625 = 9375 Viren wurden getilgt.

4.6 Lösen von Ungleichungen

1

a)

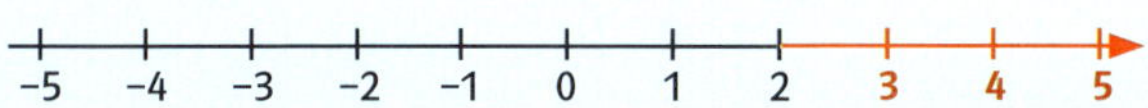

b)

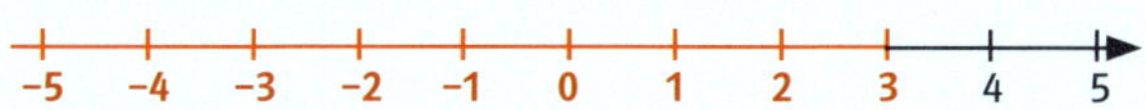

c)

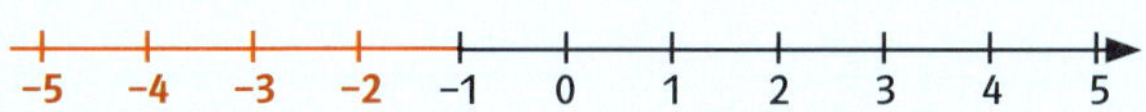

d)

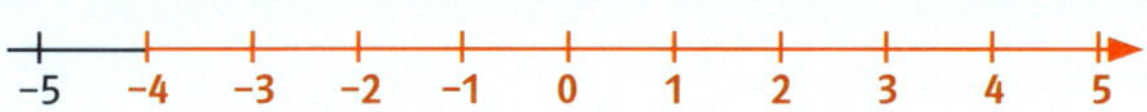

2

a) $x + 1 > 2$ $\quad | -1$

$x > 1$ Lösung: alle rationalen Zahlen, die größer 1 sind

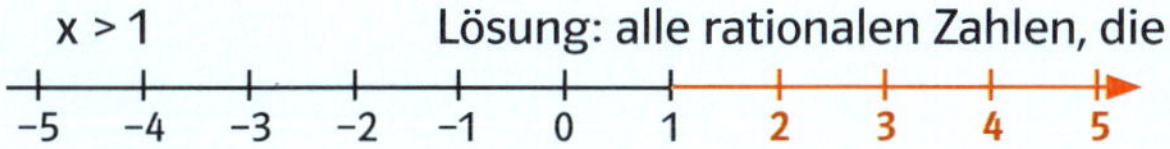

b) $2x + 4 \leqq 2$ $\quad | -4$

$2x \leqq -2$ $\quad | :2$

$x \leqq -1$ Lösung: alle rationalen Zahlen, die kleiner oder gleich −1 sind

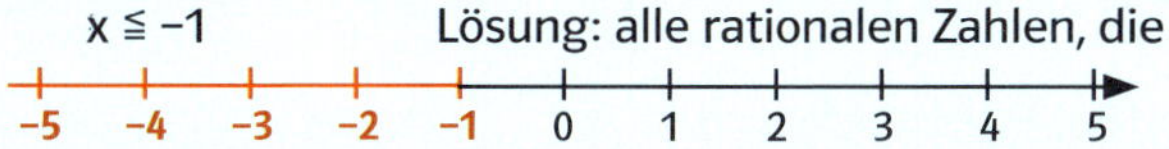

c) $3x - 9 < 2x - 5$ $\quad | +9$

$3x < 2x + 4$ $\quad | -2x$

$x < 4$ Lösung: alle rationalen Zahlen, die kleiner 4 sind

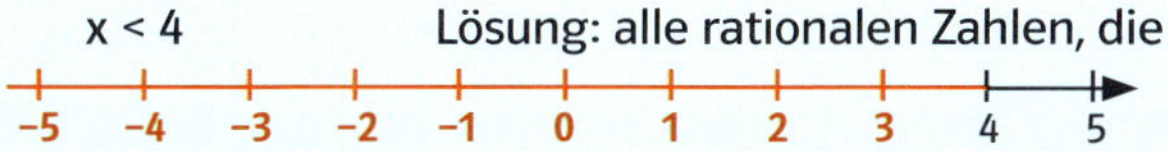

d) $11x + 43 > x - 7 \quad | -43$

$11x > x - 50 \quad | -x$

$10x > -50 \quad | :10$

$x > -5$ Lösung: alle rationalen Zahlen, die größer -5 sind

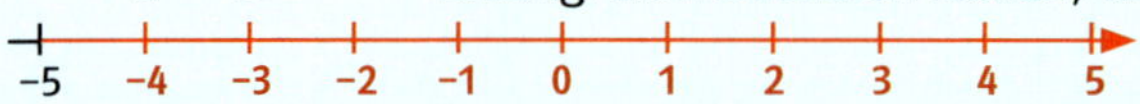

Test

Das logische Symbol „⇔" bedeutet, dass eine Äquivalenzumformung durchgeführt wird.

1

a) $1; \frac{1}{2}; -\frac{1}{3}; \frac{1}{5}$

b) $2; 6; -14; 18$

c) $-3\frac{1}{2}; -3; -5\frac{1}{2}; -1\frac{1}{2}$

d) $-28; -33; -8; -48$

2

a) $3x - 4 = -3x + 8 \Leftrightarrow 3x = -3x + 12 \Leftrightarrow 6x = 12 \Leftrightarrow x = 2$

b) $2(2x + 2) = 3(-3x - 3) \Leftrightarrow 4x + 4 = -9x - 9 \Leftrightarrow 4x = -9x - 13 \Leftrightarrow 13x = -13 \Leftrightarrow x = -1$

c) $-4(-2x + 1) - x = -(x - 2) - (x - 1) + x + 1 \Leftrightarrow 8x - 4 - x = -x + 2 - x + 1 + x + 1 \Leftrightarrow 7x - 4 = -x + 4 \Leftrightarrow$
$8x = 8 \Leftrightarrow x = 1$

3

$2(6x - 8) = -4(-3x + 4) \Leftrightarrow 12x - 16 = 12x - 16 \Leftrightarrow 12x = 12x \Leftrightarrow 0 = 0$

Die Gleichung ist wahr für alle x.

4

Der Umfang eines Quadrats ist die Summe seiner vier gleich langen Seiten.

Formel: $u = a + a + a + a \Leftrightarrow u = 4a \Leftrightarrow \frac{u}{4} = a \Leftrightarrow a = \frac{u}{4}$

5

$O = 2ab + 2ac + 2bc \Leftrightarrow O - 2bc = 2ab + 2ac \Leftrightarrow O - 2bc = a(2b + 2c) \Leftrightarrow a = \frac{O - 2bc}{2b + 2c}$

6

a) $2(-x + 3) > 4 \Leftrightarrow -2x + 6 > 4 \Leftrightarrow -2x > -2 \Leftrightarrow x < 1$

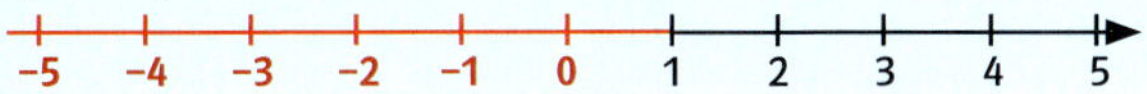

b) $5 \leqq -(2x - 3) \Leftrightarrow 5 \leqq -2x + 3 \Leftrightarrow 2 \leqq -2x \Leftrightarrow -1 \leqq x \Leftrightarrow x \leqq -1$

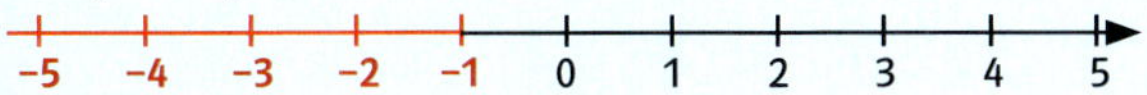

7

$3(6x - 4) < 9(2x - 1) \Leftrightarrow 18x - 12 < 18x - 9 \Leftrightarrow 18x < 18x + 3 \Leftrightarrow 0 < 3$

Die Ungleichung ist wahr für alle x.

5 Beziehungen in geometrischen Figuren

5.1 Winkel an Geradenkreuzungen

1

a) $\beta = 123°$; $\alpha = \gamma = 180° - 123° = 57°$

b) $\gamma = 180° - 37° - 71° = 72° = \alpha$; $\beta = 71°$; $\delta = 37°$

c) $180° = 3\alpha$; also $\alpha = 60° = \gamma$; $\beta = \delta = 120°$

2

$\gamma = 133°$;
$\beta = \delta = 180° - 133° = 47°$

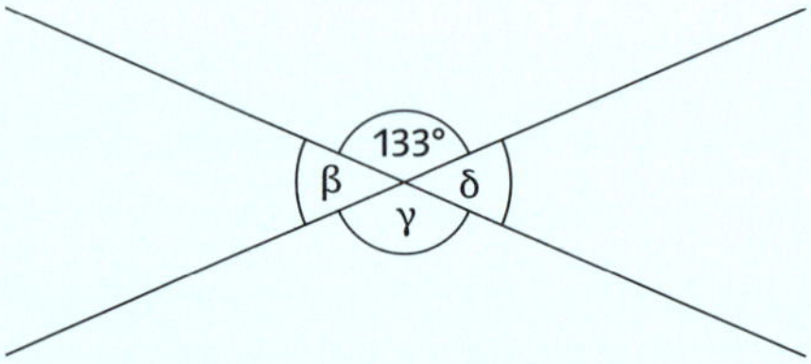

3

a) 162°; 125°; 90°; 64°; 17°

b) Der Scheitelwinkel von β ist so groß wie $\beta = 180° - 48° = 132°$.

4

a) Stimmt, da der Nebenwinkel des rechten Winkels wieder ein rechter Winkel ist.

b) Wegen $\alpha + \beta = 180°$ können nicht beide Winkel kleiner als 90°, also spitzwinklig sein.

5

a) $\alpha_1 = \gamma_1 = \gamma_2 = \alpha_2 = 58°$ und $\beta_1 = \beta_2 = \delta_1 = \delta_2 = 122°$

b) $\beta_1 = \beta_2 = \delta_1 = \delta_2 = 117°$ und $\alpha_1 = \gamma_1 = \gamma_2 = \alpha_2 = 63°$

c) $\delta_2 = \beta_2 = \beta_1 = \delta_1 = 150°$ und $\alpha_1 = \alpha_2 = \gamma_1 = \gamma_2 = 30°$

6

a)

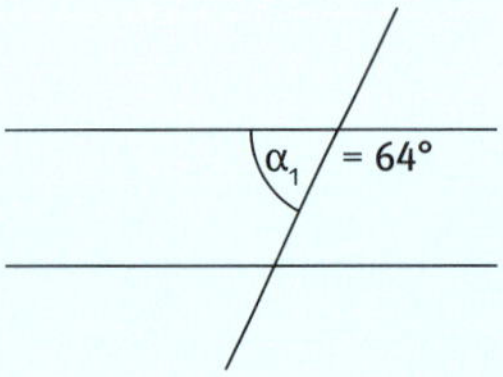

b)

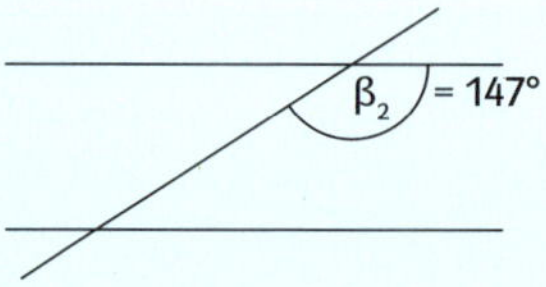

c)

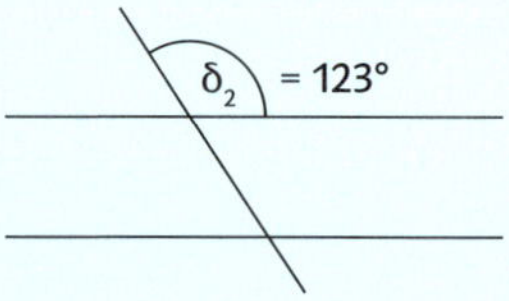

7

$\beta = \beta_1 = \beta_2 = \beta_3 = 38°$

$\alpha = 180° - \beta = 142° = \alpha_1 = \alpha_2 = \alpha_3$

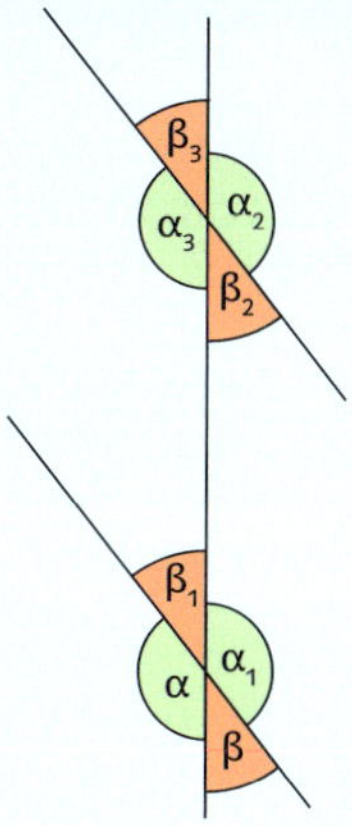

8

a) In einem Parallelogramm gilt:
- gegenüberliegende Winkel sind gleich groß.
- alle Innenwinkel zusammen sind 360° groß.

$\alpha_1 = \gamma_1$ und $\alpha_2 = \gamma_2$

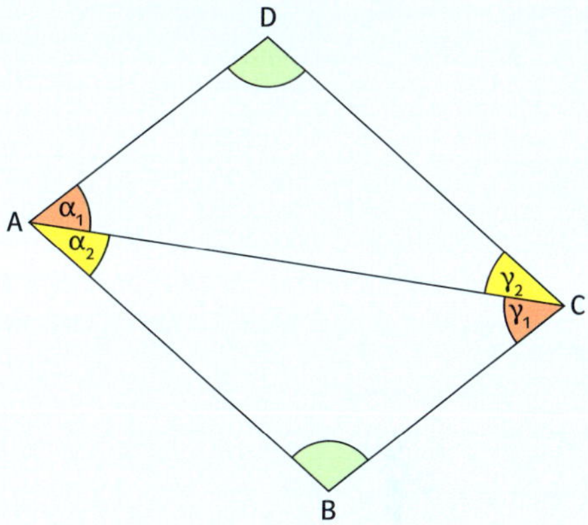

b) $\alpha = \gamma = 80°$, also gilt: $\beta = \delta = 100°$

$\alpha_1 = 46° = \gamma_1$ und $\alpha_2 = \gamma_2 = 180° - 46° = 134°$

5.2 Winkelsumme in Dreiecken

1

Ziehe immer beide gegebenen Winkel von 180° ab.

a) $\gamma = 74°$ b) $\alpha = 66°$ c) $\beta = 48°$ d) $\gamma = 46°$

2

a) $\beta = 114°$; stumpfwinklig
b) $\alpha = 90°$; rechtwinklig
c) $\gamma = 60°$; spitzwinklig
d) $\beta = 70°$; spitzwinklig

3

a) $\gamma = 107°$; stumpfwinklig b) $\gamma = 110°$; stumpfwinklig c) $\beta = 65°$; rechtwinklig

4

a) Sei $\gamma = 96°$ der größte Winkel, dann ist der kleinste Winkel $96° : 8 = 12°$ groß. Also ist der dritte Winkel $180° - 96° - 12° = 72°$ groß.

b) Das Dreieck besteht also aus 4 gleichgroßen Winkelteilen, also ist jedes Winkelteil $180° : 4 = 45°$ groß. Die drei Innenwinkel haben also die Winkelweiten 45°, 45° und 90°.

5

Man kann sich den fehlenden Schnittpunkt als Eckpunkt eines Dreiecks denken. Also muss man nur beide Geraden durch eine Strecke verbinden, die dadurch entstandenen Winkel messen und von 180° subtrahieren. Somit beträgt der gesuchte Winkel 10°.

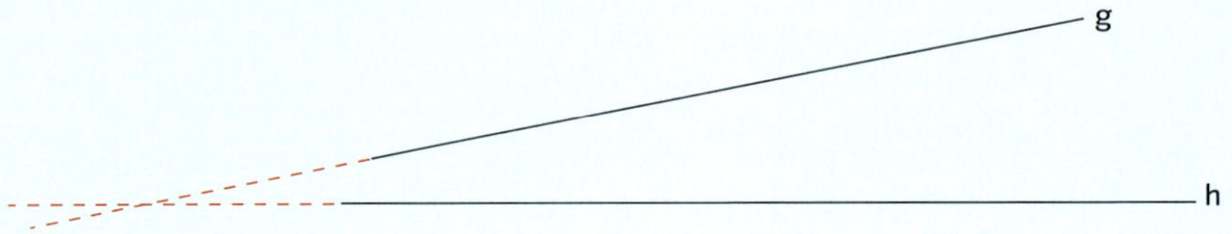

5.3 Weitere Entdeckungen an Dreiecken

1

a) $\gamma = 60°$; $\beta = 35°$; $\alpha = 85°$

b) $\alpha = 50°$; $\beta = 180° - 152° = 28°$; $\gamma = 102°$

2

a) $\beta = 101°$; $a < c < b$

b) $a < b < c$

c) $\alpha = 58°$; c ist die kürzeste Seite.

3

Individuelle Lösungen

4

a) wahr; jedes Dreieck hat mindestens 2 spitze Winkel. Der dritte Winkel kann spitz, stumpf oder ein rechter Winkel sein und liegt gegenüber der längeren Seite.

b) wahr; $\alpha = \beta = 67{,}5°$. Der kürzeren Seite liegt der kleinere Winkel gegenüber.

c) wahr; $\gamma = 90°$ ist der größte Winkel in dem Dreieck, da $\alpha + \beta = 90°$.

5.4 Winkelsumme in Vierecken und n-Ecken

1

a) $\alpha = 97°$

b) $\alpha = \beta = 125°$

c) $\beta = \alpha = 55°$; $\gamma = \delta = 125°$

d) Innenwinkelsumme im 6-Eck ist 720°, also ist jeder Innenwinkel $720° : 6 = 120°$ groß.

2

a) mit $\alpha = 40°$ gilt $\beta = 80°$, $\gamma = 80°$, $\delta = 160°$

b) Das Viereck besteht aus 10 Winkelteilen der Größe δ. Damit ist $\delta = 36°$ und $\alpha = 72°$, $\beta = 108°$, $\gamma = 144°$.

3

a) Ein Viereck hat höchstens drei spitze Winkel. Es kann auch gar keinen spitzen Winkel haben (siehe b)).

b) Ein Viereck kann vier rechte Winkel haben.

c) Ein Viereck hat höchstens zwei stumpfe Winkel, es kann auch gar keinen stumpfen Winkel haben (siehe b))..

d) Ein Viereck hat höchstens einen überstumpfen Winkel.

4

a), c) Nein, denn 500° und 1360° sind keine Vielfachen von 180°.

b) Ja, in einem Siebeneck ist die Winkelsumme 900°.

5.5 Besondere Dreiecke

1

a)

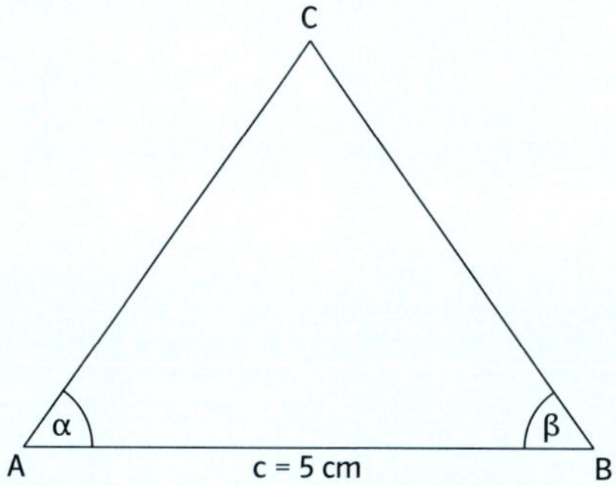

b) Das Dreieck ist rechtwinklig.

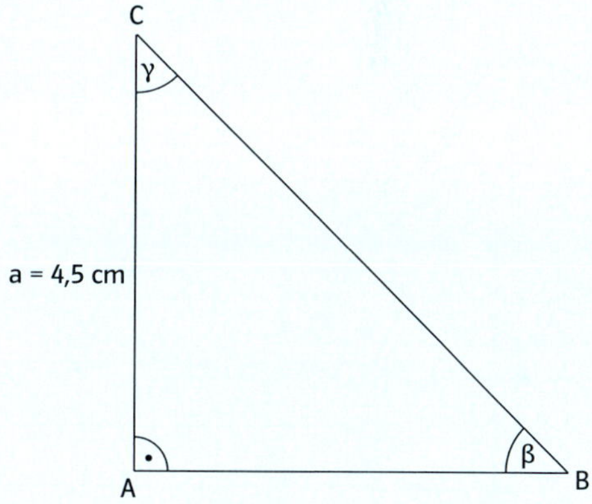

2

a) $\alpha = 45°$; $\gamma = 90°$ b) $\alpha = \beta = 30°$ c) $\beta = \gamma = 74°$ d) $\alpha = \beta = \gamma = 60°$

3

a) $\alpha = \gamma$ b) $b = c$

4

a) $\beta = 15°$

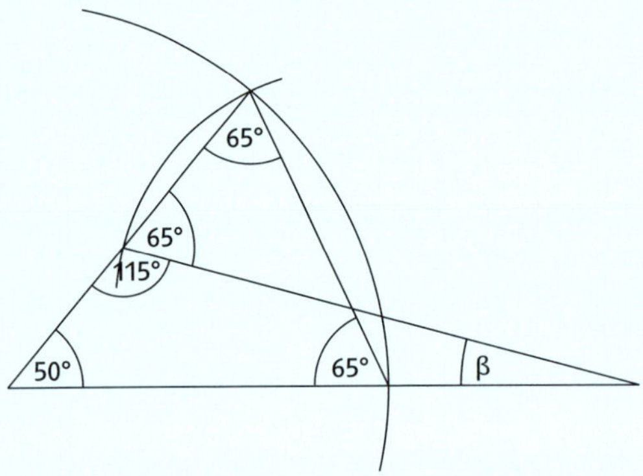

b) $\beta = 60°$

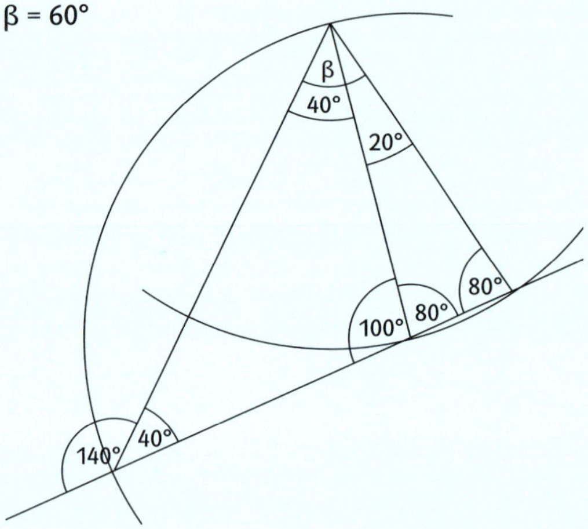

5.6 Mittelsenkrechte

1

Konstruiere zuerst die Mittelsenkrechte und markiere den Mittelpunkt M. Konstruiere dann noch zwei Mittelsenkrechte der Strecken $\overline{AM}$ und $\overline{MB}$.

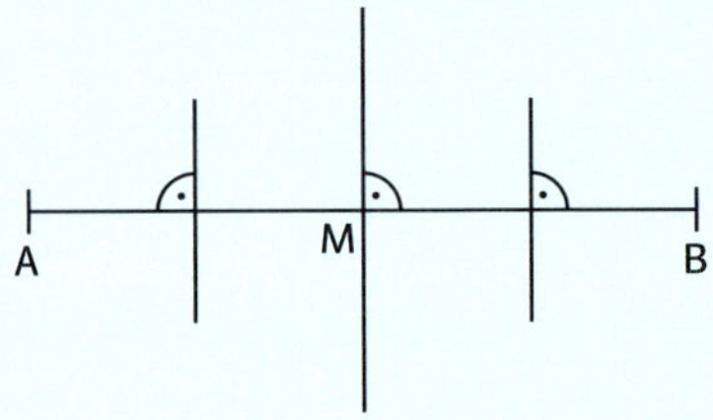

2

Die Höhen erhältst du, indem du die Mittelsenkrechten und die Parallelen zu den Grundseiten konstruierst.

$A = \frac{1}{2} \cdot c \cdot h_c = \frac{1}{2} \cdot 6\,cm \cdot 2{,}5\,cm = 7{,}5\,cm^2$.

3

Die Mittelsenkrechten schneiden sich in einem Punkt, dem Mittelpunkt des Quadrats.

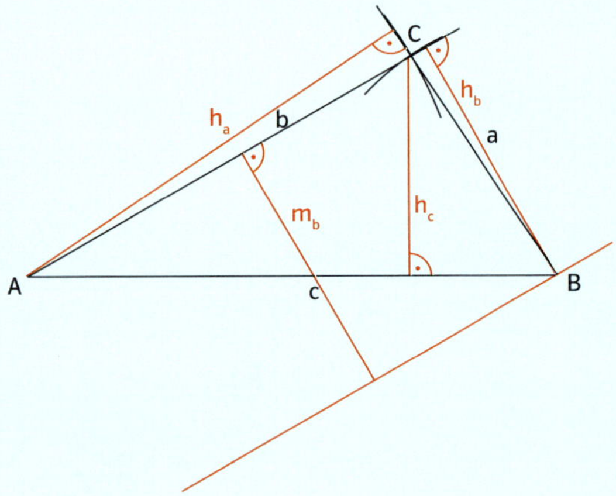

4

a) Der beste Platz ist der Schnittpunkt der Mittelsenkrechten der Verbindungsstrecken zwischen den Orten.

b) 1,5 cm

5

a) Auf der Mittelparallelen.

b) Auf der Mittelsenkrechten von M = $\overline{AB}$ und D.

5.7 Winkelhalbierende

1

a)

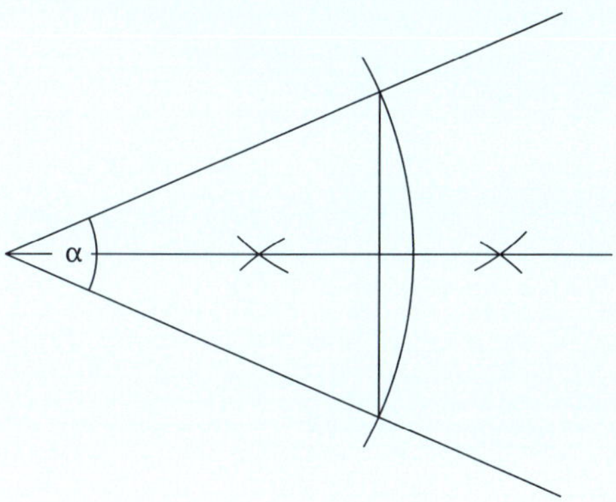

b)

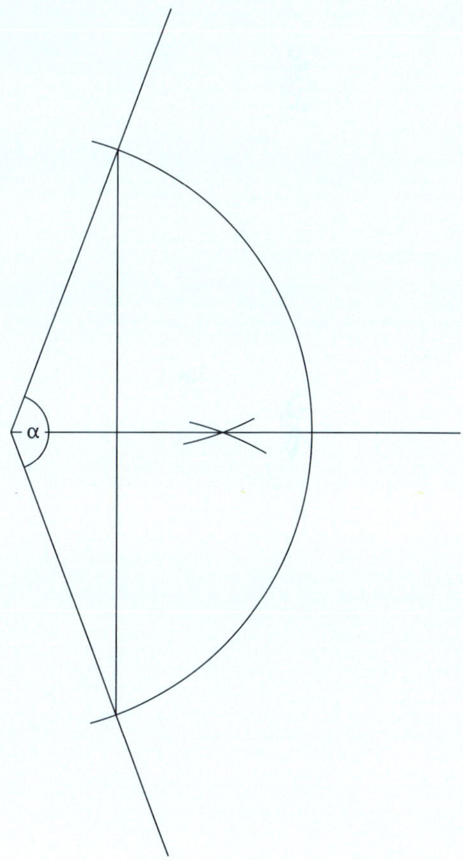

2

Alle Winkelhalbierenden schneiden sich in einem Punkt.

3

a) Mittelsenkrechte von $\overline{AB}$

b) Mittelparallele von AB und CD

c) Winkelhalbierende des Winkels mit Scheitel A.

4

Konstruiere wie in der Zeichnung abgebildet den Inkreis, indem du die Winkelhalbierenden einzeichnest. Ihr Schnittpunkt ist der Mittelpunkt des Inkreises. Dann musst du eine Senkrechte von diesem Punkt zu einer der beiden Geraden zeichnen. Der Abstand zwischen dem Mittelpunkt und der Geraden ist der Radius r_i des Inkreises. Da 1 cm auf dem Papier 2 m in der Wirklichkeit entspricht, ist der maximale Durchmesser $2 \cdot r_i = 4$ m.

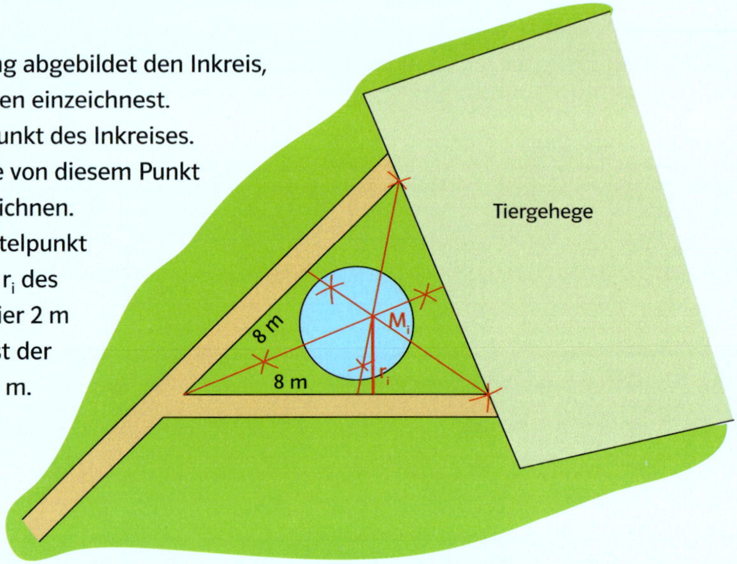

5.8 Besondere Punkte und Linien im Dreieck

1

a) Der Umkreismittelpunkt liegt auf b.
b) Der Umkreismittelpunkt liegt mitten im Dreieck.
c) Der Umkreismittelpunkt liegt genau in der Mitte der Strecke b.

2

a)

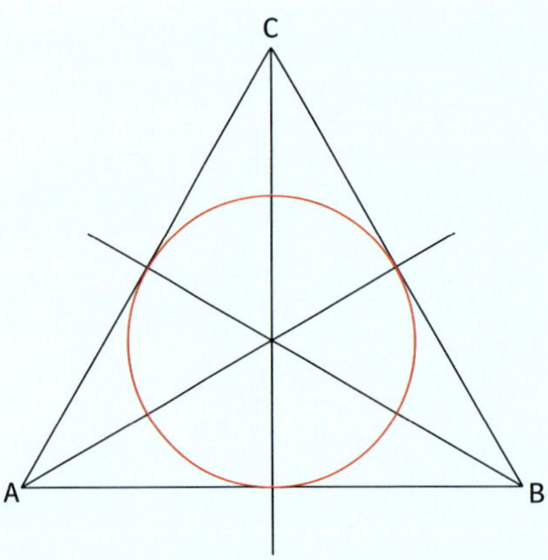

Der Inkreismittelpunkt ist auch Mittelpunkt des Umkreises, da die Mittelsenkrechten auch Winkelhalbierende sind.

b)

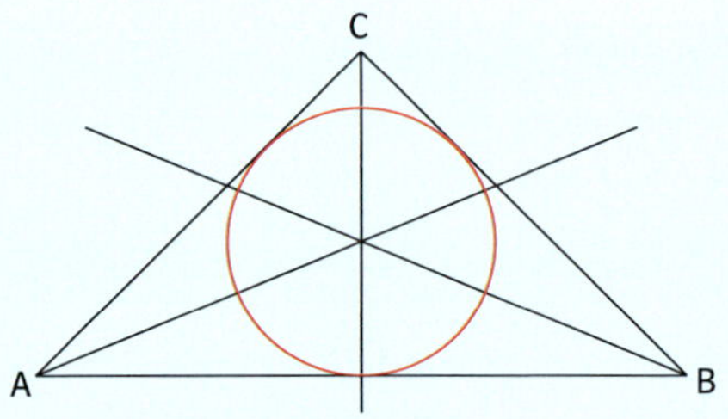

c)

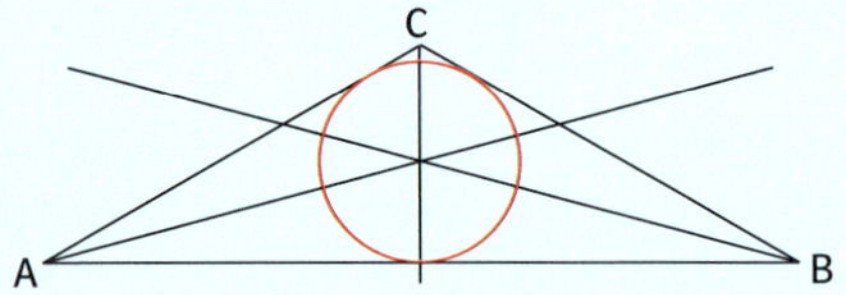

Der Inkreismittelpunkt liegt auf der Mittelsenkrechten von $\overline{AB}$.

3

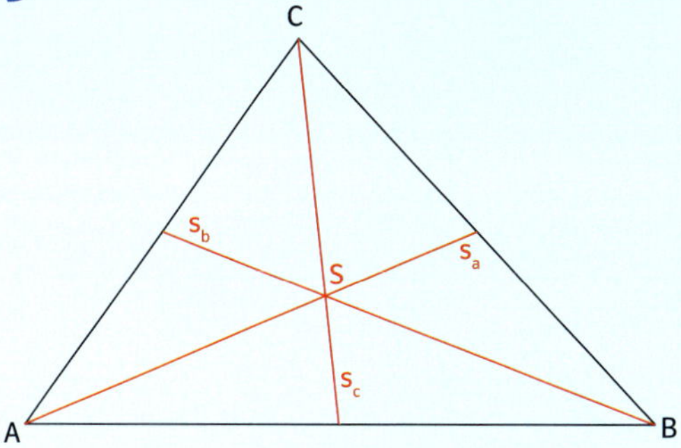

4

a) $M_U(2{,}25\,|\,1{,}75)$; $r_U = 2{,}8\,\text{cm}$

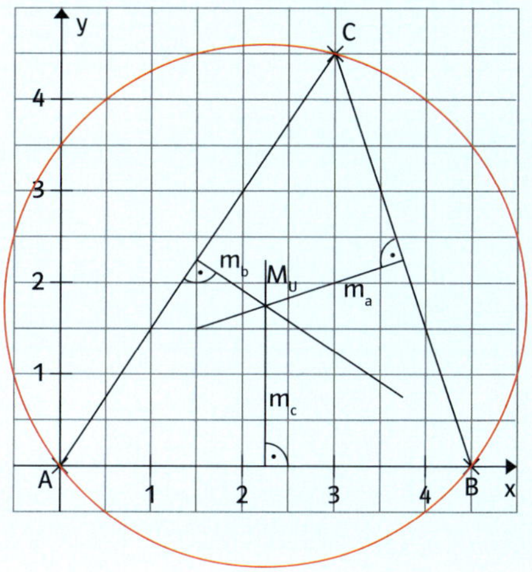

b) $M_i(2{,}6\,|\,1{,}4)$; $r_i = 1{,}4\,\text{cm}$

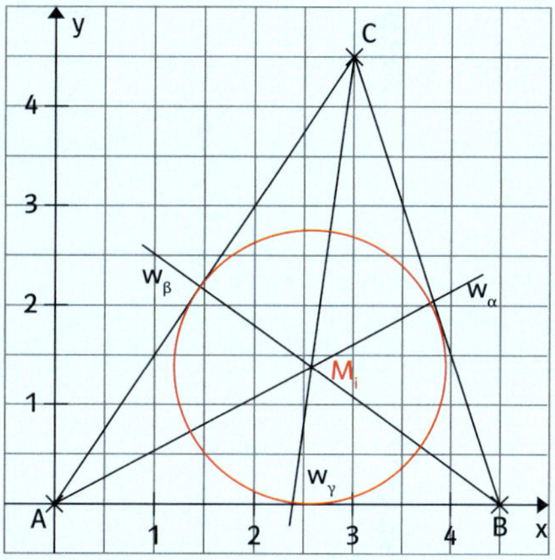

c) $S(2{,}5\,|\,1{,}5)$

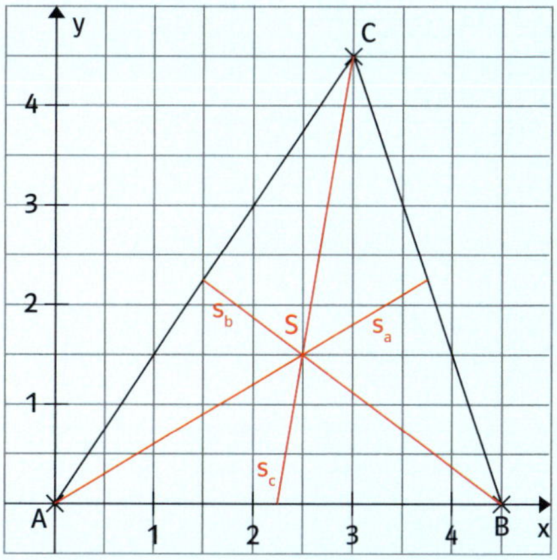

5

Konstruiere den Umkreis des Dreiecks, dessen Eckpunkte die Bäume sind.
M ist der Standort des Rasensprengers.

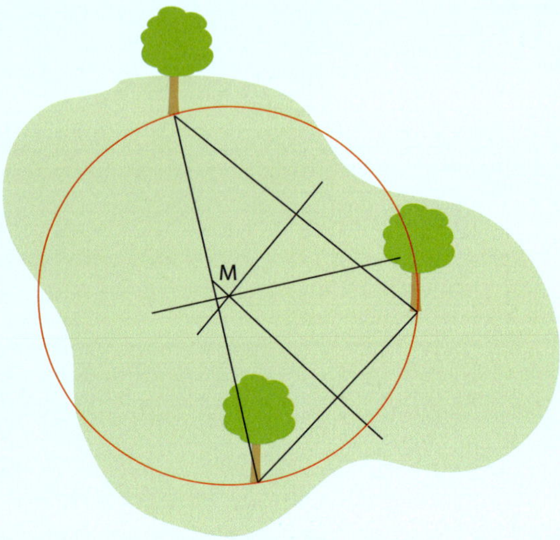

5.9 Satz des Thales

1

a)

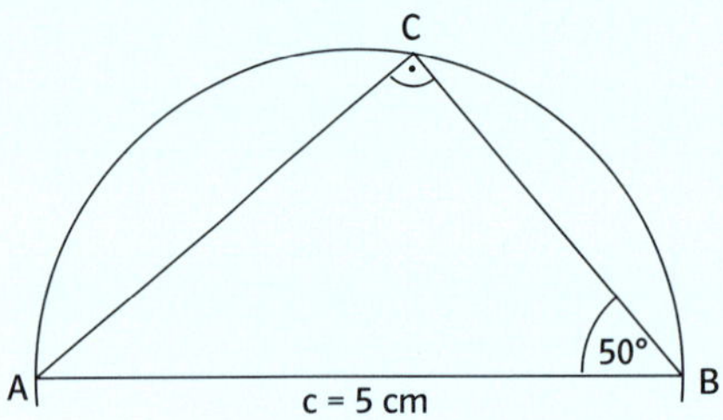

b)

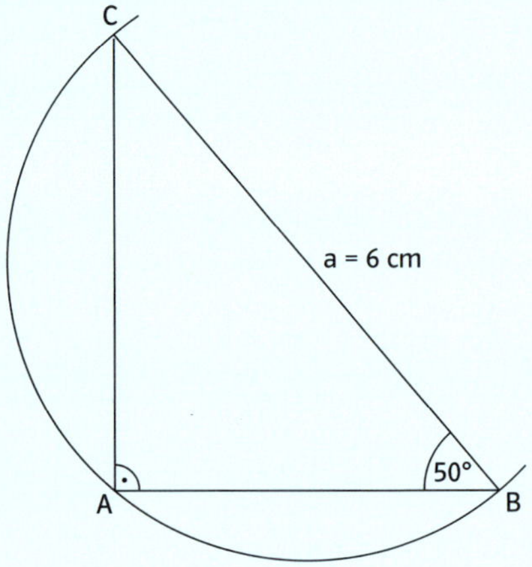

c)

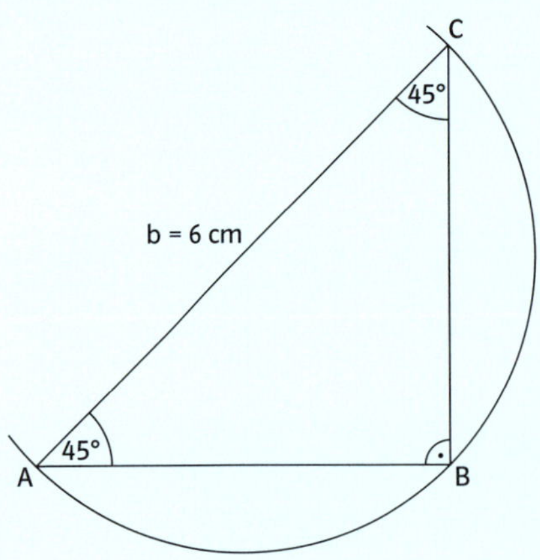

2

Markiere einen Punkt Q auf g.
Konstruiere den Thaleskreis über $\overline{PQ}$.
Zeichne die Gerade duch P und den Schnittpunkt des Thaleskreises mit g.

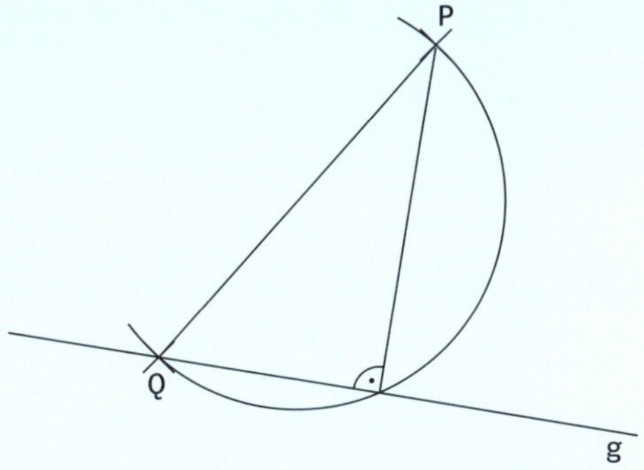

3

a) Der dritte Winkel ist ebenfalls 45° groß, d.h. der Punkt C liegt auf dem Schnittpunkt des Thaleskreises mit der Mittelsenkrechten von c.

b) Konstruiere ein gleichseitiges Dreieck und die Mittelsenkrechte zu der Seite AB. Das Dreieck AMC ist rechtwinklig und hat die Innenwinkel 30° und 60°.

zu b)

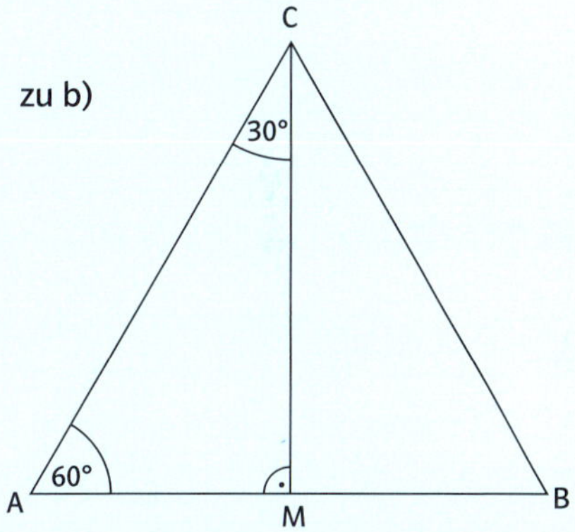

4

Die Thaleskreise schneiden sich in auf der Seite b.

5

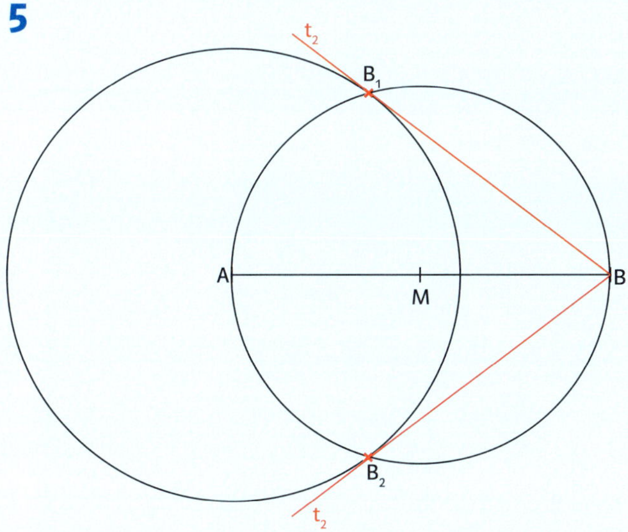

6

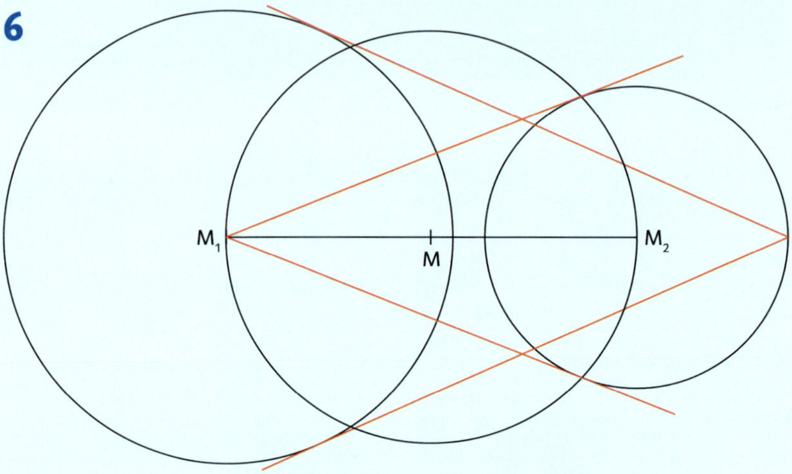

5.10 Vermischte Aufgaben zum Begründen

1

a) Das Dreieck ist gleichschenklig, d.h. β und der blaue Winkel sind gleich groß. Also gilt: 3 β = 180°; β = 60°. Somit gilt auch α + β + 90° = 180°. Damit ist α = 30°.

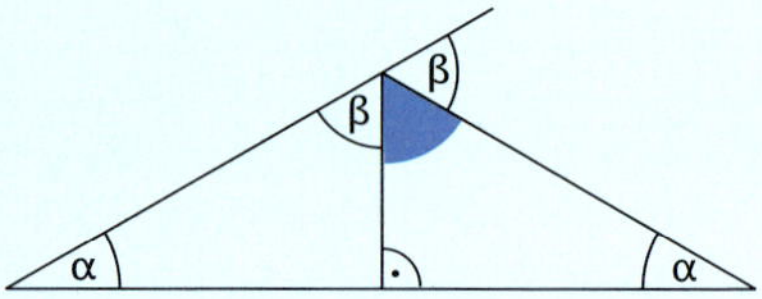

b) β′ ist Nebenwinkel zu 25°, also gilt
β = β′ = 180° − 25° = 155°, da Stufenwinkel.
γ′ = 30°, da Wechsel- und Scheitelwinkel.
α ist Außenwinkel und es gilt: α = 25° + 30° = 55°.

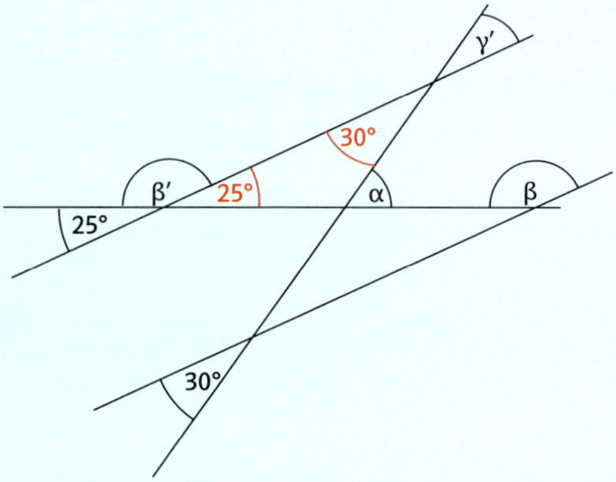

2

a) $\beta = 25°$, da Wechselwinkel
$\alpha = 180° - 90° - 25° = 65°$

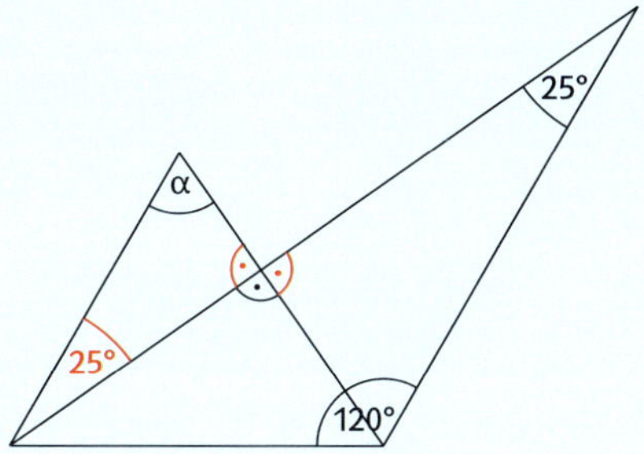

b) $2\gamma + 66° = 180°$, da γ' Wechselwinkel zu 66° ist.
Also gilt: $\gamma = 57°$.
Ebenso gilt: $2\beta + 58° = 180°$, also ist $\beta = 61.°$
Mit der Winkelsumme im Dreieck gilt:
$180° - 61° - 57° = \alpha = 62°$

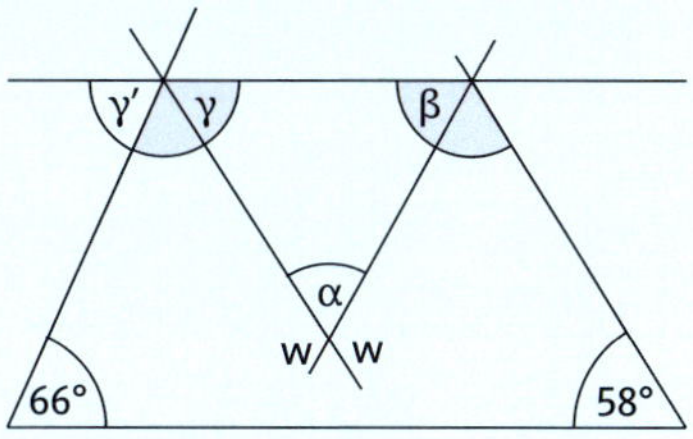

c) Der dritte Winkel im großen Dreieck ist $180° - 90° - 50° = 40°$ groß. Somit ist der halbe Winkel 20° groß. Der dritte Winkel im kleinen blauen Dreieck ist $180° - 90° - 20° = 70°$ groß. α ist Nebenwinkel zu 70°, also gilt $\alpha = 110°$.

d) Der fehlende Winkel im großen Dreieck ist $180° - 90° - 45° = 45°$ groß. α ist Außenwinkel zu dem blauen Dreieck, also gilt $\alpha = 60° + 45° = 105°$.

3

a) gleichschenkliges Dreieck, also $2\alpha = 180° - 32°$, also $\alpha = 74°$.
$2\beta = 180° - \alpha$, also $\beta = 53°$. Der dritte Winkel im blauen Dreieck ist Nebenwinkel zu β also 127° groß.
Mit der Winkelsumme im Dreieck erhält man $\gamma = 180° - 127° - 32° = 21°$.

b) $\alpha + 25° = 110°$, da Stufenwinkel, also $\alpha = 110° - 25° = 85°$.
$\beta = \alpha = 85°$, da Scheitelwinkel.
$\gamma = 180° - (\alpha + 25°) = 70°$, da Nebenwinkel.
$\delta = \beta + \gamma$, da Stufenwinkel, also $\delta = 70° + 85° = 155°$.

Test

1

a) $a = 10°$
b) $5\alpha = 180°$, also $\alpha = 36°$

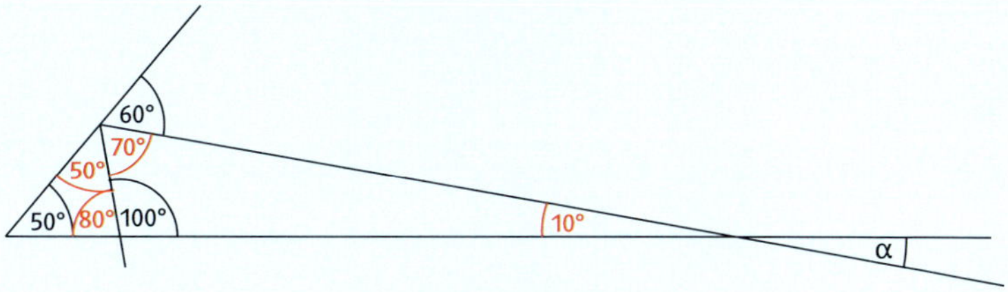

2

a) $\beta = 180° - 46° - 67° = 67°$

b) $\beta + \gamma = 180° - 54° = 126°$. Da $\beta = \gamma$, ist $\beta = \gamma = \frac{126°}{2} = 63°$

c) $180° = \alpha + \beta + \gamma = 2\beta + \beta + \frac{3}{2}\beta = \frac{9}{2}\beta$, also $\beta = 40°$, $\alpha = 80°$; $\gamma = 60°$

d) $180° = 2\beta + \beta + \frac{1}{2} \cdot 2\beta = 4\beta$, also $\beta = 45°$; $\alpha = 90°$; $\gamma = 45°$

3

a) $2\alpha = 360° - 170° = 190°$, also $\alpha = 95°$

b) $2\alpha = 180° - 30°$, also $\alpha = 75°$; $2\beta = 180° - \alpha$, also $\beta = 52{,}5°$; $\gamma = 180° - 127{,}5° - 30° = 22{,}5°$

4

a) falsch. Gegenbeispiel:

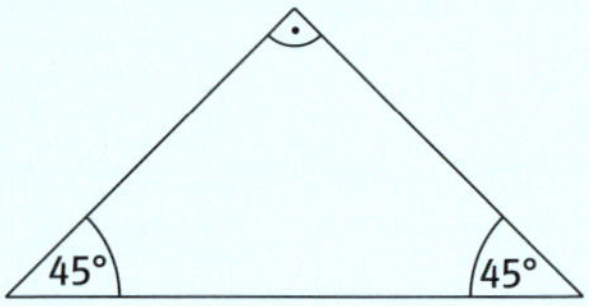

b) wahr, wegen Basiswinkelsatz.

c) wahr, da alle Innenwinkel gleich groß sind und ein Außenwinkel so groß wie die zwei nicht anliegenden Innenwinkel. Also ist jeder Außenwinkel 120° groß.

d) falsch. Gegenbeispiel: $\alpha = \beta = 30°$; $\gamma = 120°$ ist stumpfwinklig.

5

a) $r_U = 5{,}5\,\text{cm}$ b) $r_i = 1{,}6\,\text{cm}$

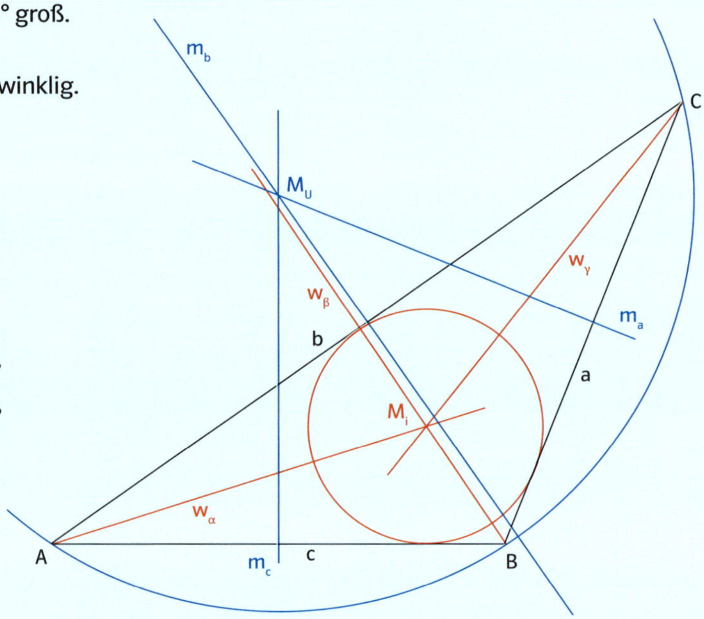

6

a) $\gamma = 180° - 70° - 30° = 80°$

$\beta' = 180° - \frac{1}{2}\cdot 30° - \frac{1}{2}\cdot 80° = 125°$

$\alpha' = 180° - \frac{1}{2}\cdot 80° - \frac{1}{2}\cdot 70° = 105°$

$\gamma' = 360° - 125° - 105° = 130°$

b) $\gamma = 180° - 2\cdot 24° = 132°$

$\beta = 180° - 90° - 24° = 66°$

$\varepsilon = 180° - 90° - 66° = 24°$

6 Kongruenz

6.1 Kongruenzsätze

1
① und ⑥; ② und ③ sind kongruent.

2
① und ② sind kongruent wegen sws.

3
a) kongruent wegen sss
b) kongruent wegen sws
c) kongruent wegen ssw
d) nicht eindeutig, da sSw

6.2 Dreieckskonstruktionen

1
Überprüfe dich selbst.
a) (sss)
b) (sws)
c) (Ssw)
d) (sSw)

2
a) $A = \frac{1}{2} \cdot c \cdot h_c = \frac{1}{2} \cdot 4{,}2\,\text{cm} \cdot 6{,}5\,\text{cm} = 13{,}65\,\text{cm}$

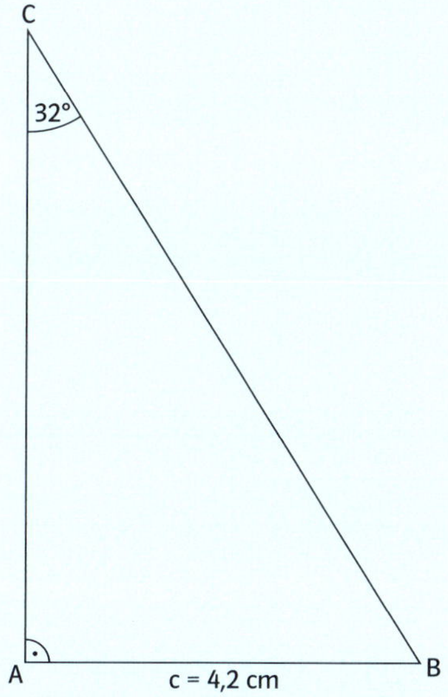

b) $A = \frac{1}{2} \cdot b \cdot h_b = \frac{1}{2} \cdot 3{,}4\,\text{cm} \cdot 3{,}4\,\text{cm} = 5{,}78\,\text{cm}^2$

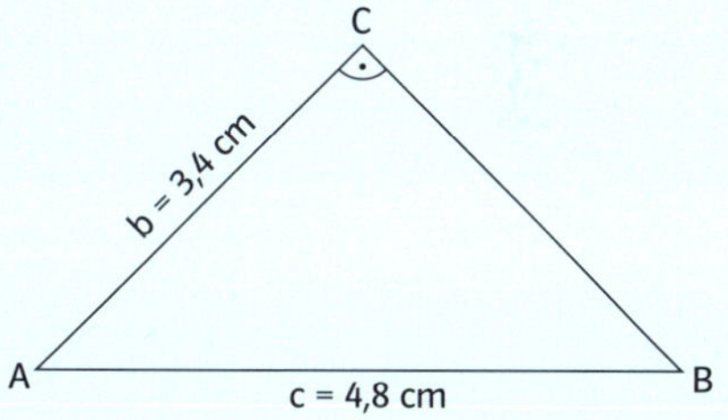

3

a)

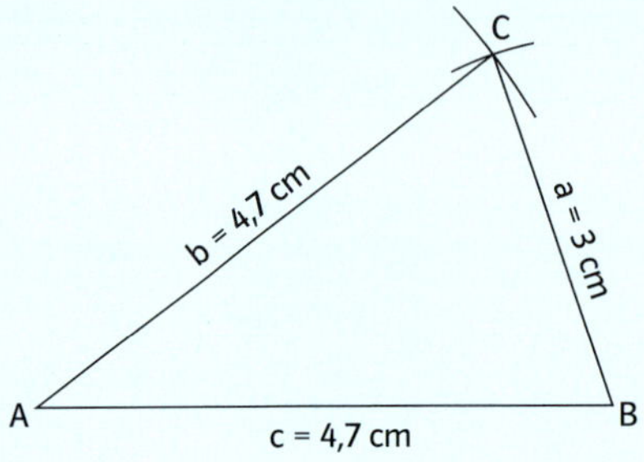

b)

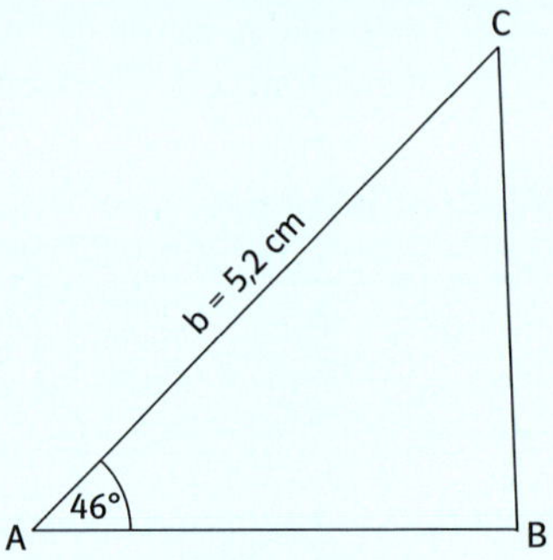

4

a) eindeutig, da sws
b) eindeutig, da Ssw
c) geht nicht, da a + b < c
d) eindeutig, da wsw
e) nicht eindeutig, da sSw
f) eindeutig, da Ssw
g) eindeutig, da sws
h) nicht eindeutig, da www.

5

a) gleichseitiges Dreieck, da sss
b) rechtwinkliges Dreieck, da sws
c) gleichschenkliges Dreieck, da wsw.

6

a) …; z. B. eine Seite c oder den Winkel γ und β ergänzen.
b) …; z. B. c oder b oder einen weiteren Winkel ergänzen.
c) …; z. B. irgendeine Seite ergänzen.

6.3 Konstruktionen mit besonderen Linien

1

a) Zeichne b = 4 cm und γ = 45°. Ziehe einen Kreis um A mit r = 3 cm. Die Konstruktion ist nicht eindeutig. Strecken von C zu den Schnittpunkten des Kreises mit a verdoppeln.
b) Zeichne a = 6 cm und konstruiere den Mittelpunkt. Zeichne einen Kreis um M mit r = 3,3 cm und um C mit 4,2 cm. Die Konstruktion ist eindeutig. Der Schnittpunkt dieser beiden Kreise ist A.
c) Zeichne b = 5 cm und α = 55°. Zeichne einen Kreis um C mit Radius r = 4,5 cm. Es gibt zwei Schnittpunkte des Kreises mit c, also ist die Konstruktion nicht eindeutig. Verdopple die Strecken von A zum Kreisschnittpunkt.

2

a) Zeichne c = 5 cm, β = 100° und einen Kreis um A mit r = 5,5 cm. Es gibt einen Schnittpunkt des Kreises mit b. Verbinde diesen mit A und verdopple bei A den Winkel. Der zweite Schenkel schneidet b bei C.

b) Zeichne c = 4,5 cm, α = 68° und konstruiere die Winkelhalbierende w_α = 3 cm. Zeichne eine Gerade durch B und den Endpunkt von w_α. Der Schnittpunkt dieser Geraden mit b ist der Punkt C.

c) Zeichne β = 65° und w_β = 4 cm. Zeichne α = 45° oder γ = 70° durch den Endpunkt von w_β.

3

a) Zeichne c = 5 cm und eine Parallele dazu im Abstand von 4 cm. Zeichne einen Kreis um B mit r = 5,5 cm. Es gibt zwei Schnittpunkte C und C′ des Kreises mit der Parallelen. Die Konstruktion ist also **nicht** eindeutig.

b) Zeichne a = 6 cm und die Parallele im Abstand von 2,5 cm. Konstruiere den Thaleskreis über $\overline{BC}$. Du erhältst zwei Schnittpunkte A und A′ des Thaleskreises mit der Parallelen. Dennoch ist die Konstruktion eindeutig, die Dreiecke sind kongruent.

c) Zeichne den Winkel γ = 110° und eine Parallele zu a im Abstand von 3,2 cm. Der Schnittpunkt der Parallelen mit b ist der Punkt A. Zeichne um A einen Kreis mit r = 4,5 cm. Dessen Schnittpunkt mit a ist B.

4

a)

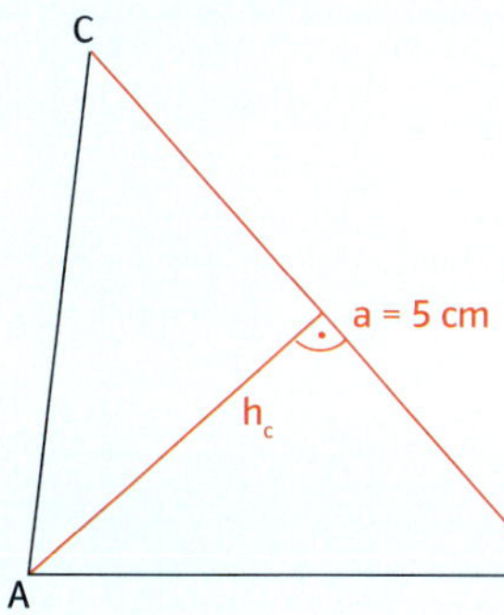

b)

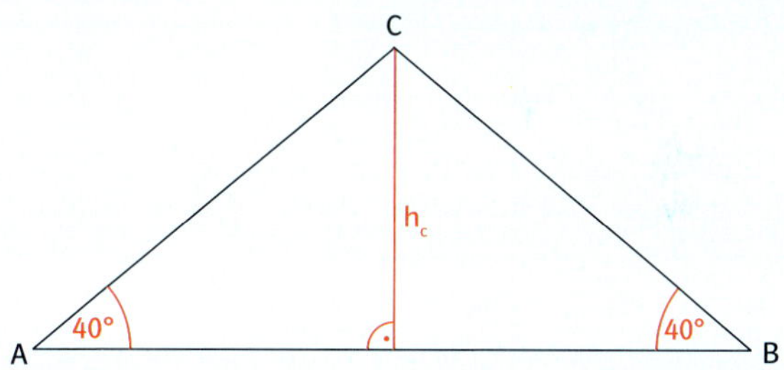

c)

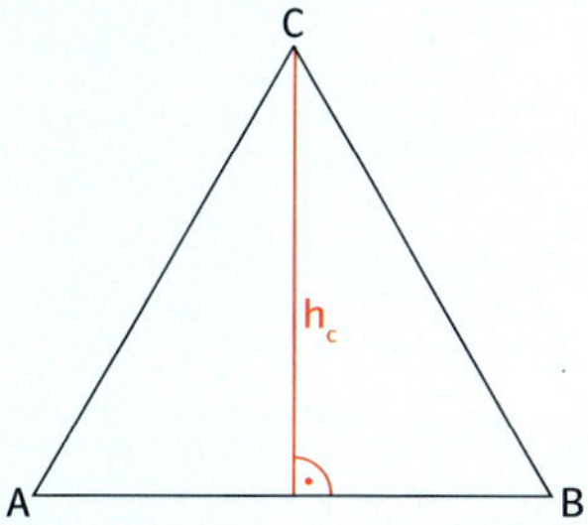

d)

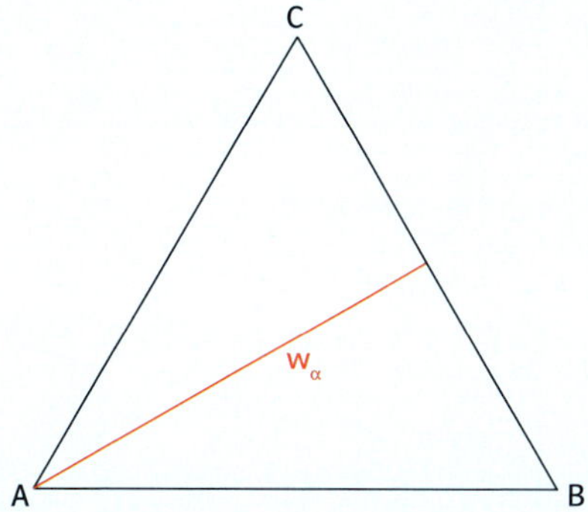

e)

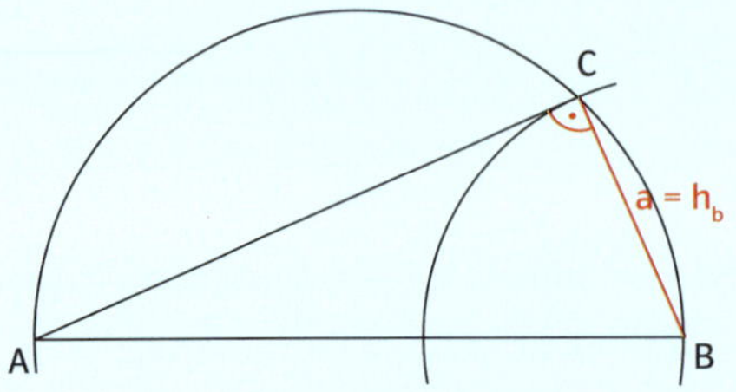

5

a) Zeichne c = 5 cm und eine Parallele im Abstand von 3 cm. Konstruiere den Mittelpunkt M von c und zeichne einen Kreis um M mit r = 4 cm. Du erhältst zwei Schnittpunkte C und C′ mit der Parallelen. Diese Dreiecke sind jedoch kongruent.

b) Zeichne c = 5,5 cm, β = 60° und konstruiere w_β. Konstruiere eine Parallele zu c im Abstand von 1,5 cm. Der Schnittpunkt mit w_β ist der Inkreismittelpunkt. Zeichne den Inkreis und danach eine Gerade b durch A, die den Inkreis berührt. Der Schnittpunkt von b und a ist C.

c) Zeichne b = 3 cm und α = 110°. Konstruiere die Mittelsenkrechte von b und zeichne einen Kreis um A mit r_u = 2,5 cm. Markiere den Schnittpunkt des Kreises mit der Mittelsenkrechten, das ist Mu_U. Zeichne die Orthogonale durch M_u. Das ist M_c. Verdopple die Strecke $\overline{AM_c}$, du erhältst B.

d) Die Konstruktion ist nicht möglich.

6.4 Vermischte Aufgaben

1

a) ja; sws

b) ja; wsw

c) ja; sss

d) nein, Gegenbeispiel

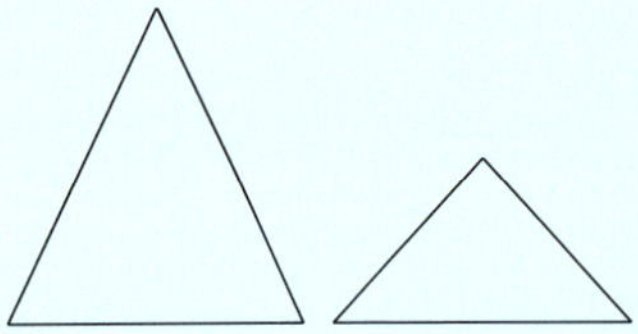

e) ja; sss

f) nein; Gegenbeispiel

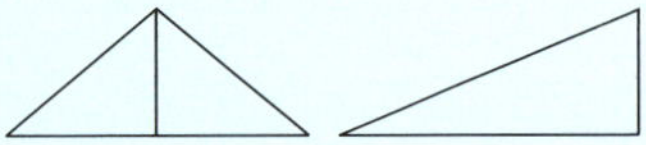

2

a) ja; wsw

b) nein; Gegenbeispiel

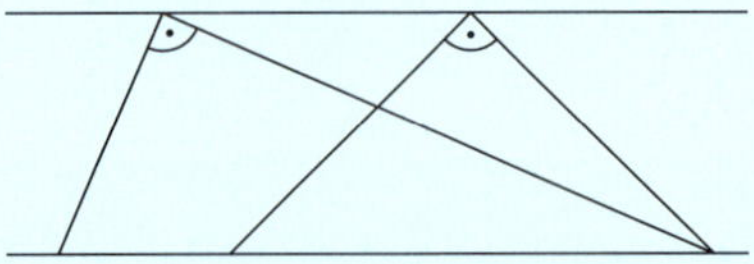

c) nein; Gegenbeispiel

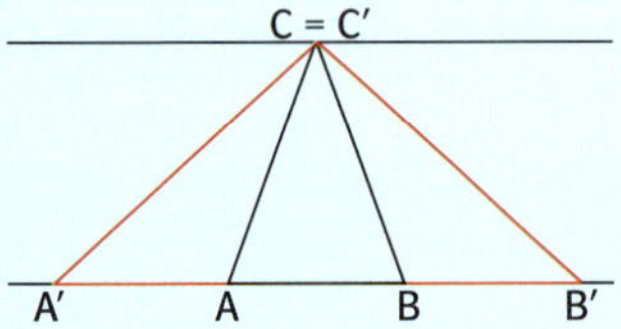

d) ja, denn mit γ kennt man auch $\alpha = \beta$, und dann gilt: wsw.

3

a) β und $\frac{1}{2}\gamma = \gamma_2$ sind Wechselwinkel

b) $\gamma_1 = \delta = \frac{1}{2}\gamma$, da Stufenwinkel

$\beta = \gamma_2 = \frac{1}{2}\gamma$, da Wechselwinkel

In dem blauen Dreieck sind zwei Winkel gleich groß, also ist das Dreieck gleichschenklig mit $\overline{CB} = \overline{CD}$.

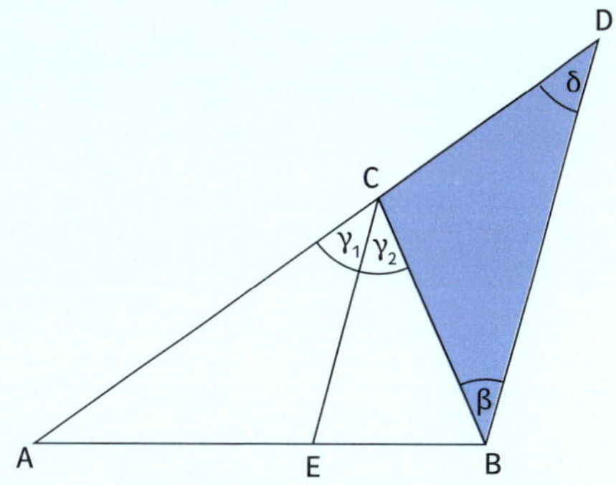

4

a) Zeichne c = 4 cm und $\beta = 30°$. Es gilt: $A = \frac{1}{2} \cdot c \cdot h_c$, also $10\,cm^2 = \frac{1}{2} \cdot 4\,cm \cdot h_c$, also $h_c = 5\,cm$. Konstruiere also eine Parallele zu c mit Abstand 5 cm. Der Schnittpunkt mit a ist C.

b) $5\,cm^2 = \frac{1}{2} \cdot 5\,cm \cdot h_c$; also $h_c = 2\,cm$. Zeichne c = 5 cm, einen Kreis um A mit r = 4 cm und eine Parallele zu c im Abstand von 2 cm. Du erhältst zwei Schnittpunkte C und C′ der Parallele mit dem Kreis. Es gibt also zwei nicht kongruente Dreiecke.

5

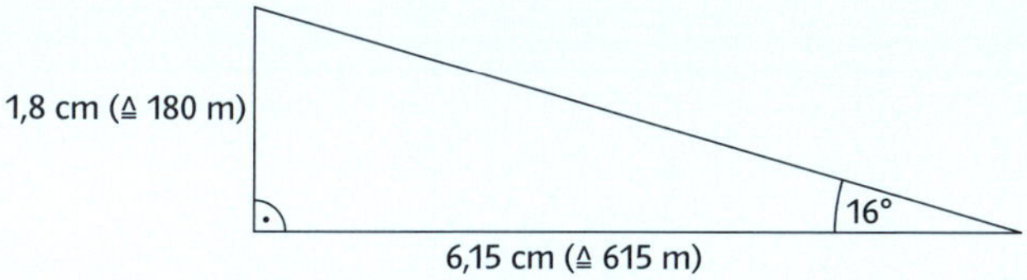

Die Cheopspyramide ist ca. 180 m hoch.

6

Die Sonnenstrahlen treffen in einem Winkel von 40° auf den Boden.

7

Der Kirchturm ist etwa 50 m hoch.

Test

1

a) kongruent; sss

b) nicht kongruent, da weder wsw noch sws

c) kongruent; Ssw

d) nicht kongruent, da $\gamma \neq \gamma'$

2

a) eindeutig, da Ssw

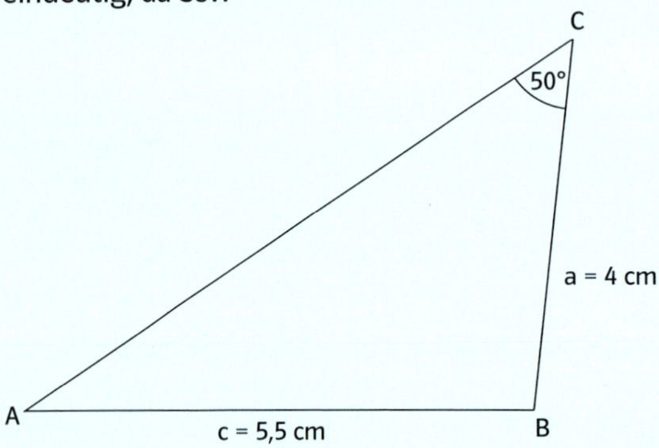

b) eindeutig; da wsw

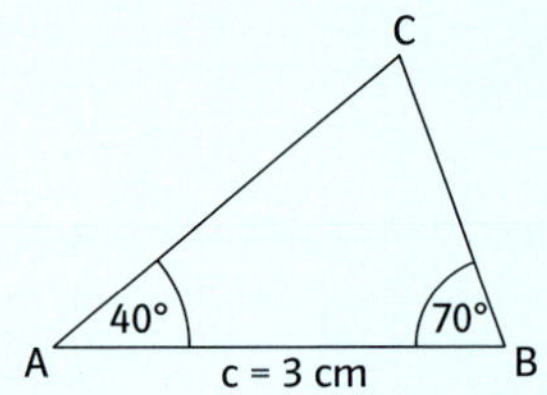

c) geht nicht, da $\beta + \gamma > 180°$

d) nicht eindeutig, da sSw

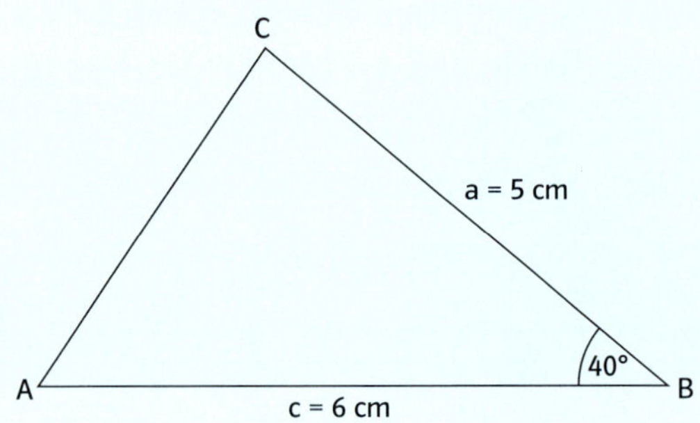

3

Der Kirchturm ist 31 m + 1,8 m = 32,8 m hoch.

4

Die Konstruktion zeigt, dass das Dreieck **nicht** rechtwinklig ist; das Tischbein ist also schief.

5

a) Zeichne a = 3 cm, $\beta = 95°$ und $w_\beta = 3{,}5$ cm. Zeichne eine Gerade g duch C und den Endpunkt von w_α. Der Schnittpunkt von b und c ist A.

b) Zeichne Parallelen im Abstand von 2,5 cm. Wähle auf einer Parallelen einen Punkt C und zeichne zwei Kreise um C mit r = 5 cm und r = 4,5 cm. Die entsprechenden Schnittpunkte der Kreise mit der zweiten Parallele sind die Punkte A und B.

c) Zeichne b = 5 cm, $\gamma = 115°$ und markiere M_b. Zeichne einen Kreis um M_b mit r = 4 cm. Der Schnittpunkt mit a ist der Punkt B.

d) Zeichne $\alpha = 58°$ und $w_\alpha = 4$ cm. Zeichne $\beta = 75°$, so dass a durch den Eckpunkt von w_a geht. Der Schnittpunkt von a und b ist C.

6

a) β_1 und α_1 sind Wechselwinkel, also gilt: $\beta_1 = \alpha_1$. Außerdem besitzt jedes kleine Dreieck einen rechten Winkel. Da auch $\overline{AM} = \overline{MB}$ ist, gilt wsw. Die Dreiecke sind also kongruent und somit ist $\overline{AE} = \overline{BD}$.

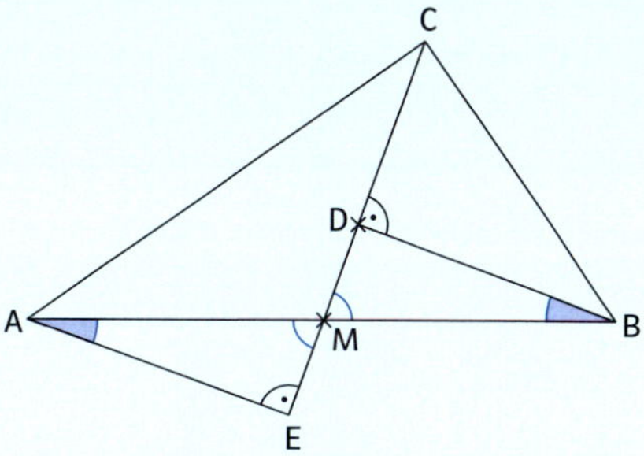

b) Alle drei kleinen Dreiecke sind kongruent, da sie zwei gleich lange Seiten haben und der eingeschlossene Winkel gleich weit ist. Nach sws sind die kleinen Dreiecke kongruent, also sind die drei Seiten des i nneren Dreiecks gleich lang.

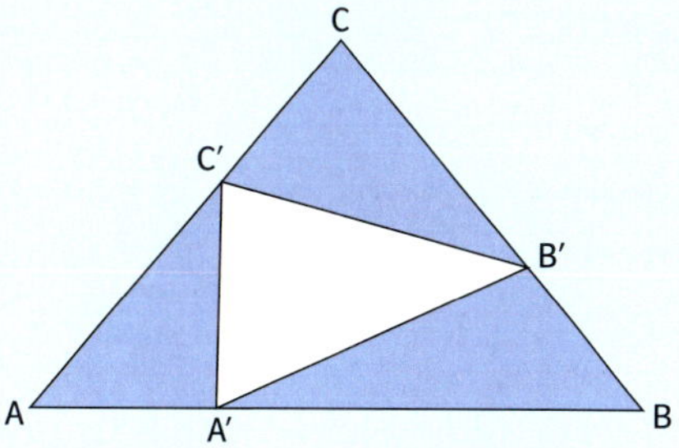